新编全国高等职业院校烹饪专业规划教材

中国烹饪概论

ZHONGGUO PENGREN GAILUN

王小敏◎编著

北京·旅游教育出版社

策　　划:张　萍
责任编辑:巨瑛梅

图书在版编目(CIP)数据

中国烹饪概论／王小敏编著. ――北京：旅游教育
出版社，2016.1（2020.9重印）
新编全国高等职业院校烹饪专业规划教材
ISBN 978-7-5637-3297-5

Ⅰ．①中…　Ⅱ．①王…　Ⅲ．①烹饪—方法—中国—高
等职业教育—教材　Ⅳ．①TS972.117

中国版本图书馆 CIP 数据核字（2015）第 312795 号

新编全国高等职业院校烹饪专业规划教材

中国烹饪概论

王小敏　编著

出版单位	旅游教育出版社
地　　址	北京市朝阳区定福庄南里 1 号
邮　　编	100024
发行电话	(010)65778403 65728372 65767462(传真)
本社网址	www. tepcb. com
E - mail	tepfx@ 163. com
排版单位	北京旅教文化传播有限公司
印刷单位	河北省三河市灵山芝兰印刷有限公司
经销单位	新华书店
开　　本	720 毫米×960 毫米　1/16
印　　张	12.75
字　　数	198 千字
版　　次	2016 年 1 月第 1 版
印　　次	2020 年 9 月第 7 次印刷
定　　价	25.00 元

（图书如有装订差错请与发行部联系）

出版说明

我国烹饪享誉世界。进入21世纪以来,随着社会经济的发展和人们生活水平的不断提高,国际化交流不断深入,烹饪行业经历了面临机遇与挑战、兼顾传承与创新的巨大变革。烹饪专业教育教学结构也随之发生了诸多变化,我国烹饪教育已进入了一个蓬勃发展的全新阶段。因此,编写一套全新的、能够适应现代职业教育发展的烹饪专业系列教材,显得尤为重要。

本套"新编全国高等职业院校烹饪专业规划教材"是我社邀请众多业内专家、学者,依据《国务院关于加快发展现代职业教育的决定》的精神,以职业标准和岗位需求为导向,立足于高等职业教育的课程设置,结合现代烹饪行业特点及其对人才的需要,精心编写的系列精品教材。

本套教材的特点有:

第一,推进教材内容与职业标准对接。根据职业教育"以技能为基础"的特点,紧紧把握职业教育特有的基础性、可操作性和实用性等特点,尽量把理论知识融入实践操作之中,注重知识、能力、素质互相渗透,契合现代职业教育体系的要求。

第二,以体现规范为原则。根据教育部制定的高等职业教育专业教学标准及劳动和社会保障部颁布的执业技能鉴定标准,对每本教材的课程性质、适用范围、教学目标等进行规范,使其更具有教学指导性和行业规范性。

第三,确保教材的权威性。本套教材的作者均是既具有丰富的教学经验又具有丰富的餐饮、烹饪工作实践经验的专家,熟悉烹饪专业教学改革和发展情况,对相关课程的教学和发展具有独到见解,能将教材中的理论知识与实践中的技能运用很好地统一起来。

第四,充分体现教材的先进性和前瞻性。在现代科技发展日新月异的大环境下,尽量反映烹饪行业中的新工艺、新理念、新设备等内容,适当展示、介绍本学科最新研究成果和国内外先进经验,体现教材的时代特色。

第五,体例新颖,结构科学。根据各门课程的特点和需要,结合高等职业教育规范以及高职学生的认知能力设计体例与结构框架,对实操性强的科目进行模块化构架。教材设有案例分析、知识链接、课后练习等延伸内容，便于学生开阔视野，提升实践能力。

作为全国唯一的旅游教育专业出版社，我们有责任也有义务把体现最新教学改革精神、具有普遍适用性的烹饪专业教材奉献给大家。在这套精心打造的教材即将面世之际，深切地希望广大教师学生能一如既往地支持我们，及时反馈宝贵意见和建议。

旅游教育出版社

前　言

中国烹饪在世界烹饪中占据着重要的一席之地,中国烹饪技术在世界上的影响是极其深远的。中国烹饪文化具有独特的民族特色和浓郁的东方魅力,是中国传统文化中富有鲜明特色的一部分。《中国烹饪概论》是为了满足职业教育的需要,以烹饪专业学生为主要的使用对象,为培养旅游、餐饮等服务行业烹饪岗位的应用型人才而出版的烹饪教材。

"中国烹饪概论"是烹饪专业的一门专业基础课程。本书共分7章,主要包括中国烹饪的历史演变、烹饪的风味流派、烹饪的基础知识、饮食习俗、烹饪文化等方面的知识。通过学习,可以使学生充分认识中国烹饪的优良传统,增长知识,开阔视野。

在编写过程中,本教材本着循序渐进的原则,力图由浅入深,由易到难,由简到繁,有目的、有计划地将基本内容讲清楚,并注意对现代科技、新型原料、新技术等的介绍,强调理论联系实际,注重知识的全面性、权威性、实用性。

编　者

《中国烹饪概论》教学内容和课时安排

章　节	课　时	课　程　内　容
第一章	2 课时	绪　论
第二章	6 课时	第一节　史前熟制食物阶段
		第二节　陶器烹饪阶段
		第三节　青铜器烹饪阶段
		第四节　铁器烹饪阶段
		第五节　近现代烹饪
第三章	8 课时	第一节　地方风味
		第二节　少数民族饮食风味与寺院饮食风味
		第三节　宫廷饮食风味和官府饮食风味
第四章	4 课时	第一节　烹饪原料
		第二节　菜肴制作工艺
		第三节　面点制作工艺
第五章	4 课时	第一节　年节食俗
		第二节　人生礼仪食俗
		第三节　宗教食俗和少数民族食俗
第六章	6 课时	第一节　烹饪文化积淀
		第二节　烹饪科学积淀
		第三节　烹饪艺术积淀
第七章	2 课时	第一节　中国烹饪的现状
		第二节　中国烹饪的未来
机　动	2 课时	
复习考试	2 课时	
总　计	36 课时	

目　录

第一章

绪　论

- 掌握烹饪和烹饪学的概念；
- 了解中国烹饪的特征；
- 了解"中国烹饪概论"的研究内容和学习方法。

一、烹饪与烹饪学

"烹饪"一词，最早见于《易经·鼎》，原文为"以木巽火，亨饪也"。亨，《左传·昭公二十年》有"和如羹也，水火醯醢（xǐhǎi）盐梅以亨鱼肉"，注："亨，煮也。"饪，《仪礼·士昏礼》有"皆饪"，孔颖达疏："饪，熟也。"可见，"亨饪"就是"烹饪"，意思是煮熟食物。这是"烹饪"一词的原始意义。

"烹饪"在当今的各种辞典中解释为"煮熟食物"（《辞源》）、"烹调食物"（《辞海》）、"做饭做菜"（《现代汉语词典》），这些解释都是正确的，但还不能完全概括烹饪的内容、性质和意义。随着社会经济文化的发展，烹饪工具、能源、技法在不断发生变化，"烹饪"一词的意义也发生了变化。烹饪技术发展至今，用物理的、化学的多种方法都可使食物原料成熟。现代烹饪既可以利用油、水、蒸汽、热辐射、太阳能、电能等能源，使原料成熟；也可以利用盐、糖、醋、酒、糟等物质的生化作用，使原料成熟；还可以用沙、石、泥、灰等介质，在一定的温度下使原料成熟；并不仅仅局限于"以木巽火"这一单一的方法。而生产力的发展，使烹饪食物也不仅限于在炉灶上的手工操作，一些食物的半成品、成品等还可以由饮食业的专业生产线、食品加工厂用机械化手段生产出来。因此，随着生产或加工食物方式方法的变化，烹饪社会性的日益增强，人们对饮食营养保健和审美要求的日益提高，现代烹饪的概念已经发生很大变化。由此，我们可对"烹饪"一词作如下解释：烹饪是人类为了满足生理需求和心理需求而把可食原料用适当方法加工成可直接食用成品的活动。它包括对烹饪原料的认识、选择和组合设计，烹调方法的应用与菜肴、食品的制作，饮食生活的组织，烹饪效果的体现等全部过程。

中国烹饪学是与人类生活息息相关的一门学科,它研究中国菜品的制作与消费规律,揭示中国烹饪发展的基本规律,剖析中国烹饪的基本特征,阐明中国烹饪的基本理论。它是一门综合性的学问,内容丰富,几乎涉及自然科学和社会科学的所有领域,如物理学、化学、生物学、营养学、医学、农学、历史学、文学、美学、民俗学、心理学等学科;同时,中国烹饪又是多种艺术的综合体现,从菜肴的搭配、造型的选择、器皿的选用、筵席的组合等都要求具有赏心悦目的魅力,给人以回味无穷的美的享受,它讲究色、香、味、形、声、器、质融为一体,是造型美、色彩美、意境美的和谐统一。

二、中国烹饪的特征

1. 历史悠久,风味各异

从北京人发明用火,我们的祖先就开始有意识地用火熟制食物了。我国是世界上最早用火的国家之一。各地的出土文物表明,至迟在 8000 多年以前,我们的祖先就已开始使用器皿,进行真正完备意义上的烹饪了。中国烹饪有着光辉灿烂的历史,在长期的历史演变过程中,我们的祖先逐渐形成了一套较为完善的饮食保健体系、独树一帜的药食同源理论和精湛绝伦的烹饪操作技艺。历史悠久、源远流长,是中国烹饪的显著特征之一。

我国地域辽阔,由于气候、物产、风俗习惯、民族等差异,各地在饮食习俗上形成了各不相同的风味体系。就地域而言,我国黄河流域下游的山东风味、长江流域中上游的四川风味、长江流域下游的淮扬风味、珠江流域的广东风味,特色鲜明,享誉中外;就民族而言,既有汉族风味菜肴,又有回、维吾尔、蒙古、满、苗、藏、壮、傣、乌兹别克、哈萨克、黎、白、高山等少数民族各自不同的风味菜肴;就饮食层次而言,宫廷珍馐、官府佳肴、寺院素斋、市肆菜点、民间家食的风味,也各不相同。各种风味流派汇成一体,形成了中华民族丰富多彩的饮食文化。

2. 选料讲究,刀工精细

原料是烹饪的物质基础,也是烹饪诸要素的核心。原料的选择,是菜肴成功的关键。袁枚说过:"一席佳肴,厨师之功居六,采购之功居四。"中国烹饪原料丰富多彩,原料的选择十分讲究。在菜肴制作时不仅要根据原料的品种、季节进行选择,更要注意原料产地和部位的不同,同时还要选择无毒、无害的新鲜优质原料,使菜肴的感官性状达到良好状态,充分发挥原料的食用价值。

刀工是中国烹饪的一大特色。我国厨艺刀法精妙,名目众多,古代就有割、批、切、剐、剥、剔、剁、斫等刀法。孔子的"脍不厌细"、《庄子》庖丁解牛的"游刃有余"、张衡《汉赋》的"鸾刀缕切",描述的都是中国烹饪精湛的刀工技艺。随着烹饪技艺的不断发展,我国目前的烹饪刀法已不下百种,多变的刀法适应了各种烹调技法的需要并达到了美化菜肴形态的目的。中国烹饪的刀技,讲究一刀一式清爽利落,成形精巧,要求做到"大小一致,长短一致,厚薄一致,整齐划一,互不粘连,均匀美观"。

3. 五味调和,注重火候

调味和火候,是中国烹饪技术中两大关键技术。

调味是传统烹饪之道的核心。中国烹饪历来把味的审美放在菜品制作和质量鉴定的首位,强调调味要合"时序""适口""本味"。菜肴的口味要做到五味调和,让烹饪原料"味无者使之入,味藏者使之出,味淡者使之厚,味厚者使之正,味浮者使之定"。调味,讲究因时而异,因人而异,因地而异,因席而异。在保持菜肴风味特色的前提下,有针对性地进行调味,以适应不同人群的口味需要,做到"食无定味,适口者珍"。

中国烹饪重视火候,不亚于重视调味。火候不仅是形成不同风味的重要因素,也是菜肴成败的关键。《吕氏春秋·本味篇》对火候的总结是:"凡味之本,水最为始。五味三材,九沸九变,火为之纪。时疾时徐,灭腥去臊除膻,必以其胜,无失其理。"意为:在水、火、味三者之中,用火是"纲",原料异味的消除,美味的产生,要靠用火来实现。我国烹饪火候的讲究体现在以下方面:一是善于选用不同性质的燃料来适应各种烹调技法。二是使用不同的烹制工具,如铁锅、砂罐、烤炉等来适应不同菜肴对火候的需要,形成不同的风味。三是运用不同的火力,来达到菜肴不同的要求。例如,为了保持菜肴的鲜嫩,须用旺火快速烹制;而煨煮技法则须用文火,使菜肴酥烂。四是根据不同原料的性质采用不同的传热介质,如水、油、汽、空气、固体物质等,都可作为传热介质进行传热,形成不同的菜肴风味。

4. 技法多样,器皿精美

中国烹饪经过历代厨师的不断创造,形成了几十类、近百种的烹调方法。中国烹饪技法的多样,是世界上任何国家都无法比拟的。既有生制法,如拌、泡、醉、糟、蜜汁、盐腌、糖渍等;又有熟制法,如用火烹制的烤、炙、熏、焙、烘、炮,用水烹制的烫、焯、氽、涮、卤、煮、煲、炖、烧、煨等,用汽烹制的蒸,用油烹制的炸、炒、爆、煎、贴、煸、熘、烹、拔丝、挂霜等,用泥作为传热介质的泥烤,用盐作为传热介质的盐焗,用沙子作为传热介质的焐、炕等。这些烹调方法林林总总,汇成了中国烹饪技艺的体系。

器皿精美,指的是器皿与菜肴的和谐统一。美食美器的和谐统一,是中国烹饪的另一特色。"美食不如美器",充分说明了器皿在菜品中的作用。运用恰如其分的餐饮器皿,使用对比、烘托、修饰等手法,使菜肴与器皿达到和谐统一,是中国烹饪的要求。要达到菜肴与器皿的和谐统一,既要考虑一菜一点与一碗一盘间的和谐,也要考虑整桌宴席间盛器的和谐。菜肴盛装时,要注意以下事项:一要考虑色彩的和谐。菜肴与器皿之间做到既要有对比度,使人不感到单调,又要使对比度不致过分强烈。要根据菜肴的色泽选择合适的盛器,使菜肴显得鲜明、悦目,自然得体。二要考虑形态的匹配。要根据菜肴的品种选择适当的盛器,如盛装鱼类菜肴应选用鱼盘,煎炒无汁类菜宜用平盘。匹配得体,可使菜肴生色。三要讲究大小的相称。菜肴的数量和食器的大小要适宜,如果菜肴量大而漫溢盘缘,会使人感到不雅观,量少则会使人感到不丰满。

三、中国烹饪的地位

“民以食为天。”中国烹饪,在中国文明发展史上占有重要的地位。人类要生存、求发展,就离不开饮食。烹饪是人类饮食的一种文明手段,也是人类文明进化的一个重要标志。古人早就认识到饮食与治国的关系。《史记·郦食其传》就记载过郦食其对沛公刘邦说的话:“王者以民人为天,而民人以食为天。”《梁书·元纪》载:“承圣二年诏:‘食乃民天,农治为本。’”

近代,对中国烹饪地位有中肯评价的首推革命先行者孙中山。孙中山于20世纪初,在他的《建国方略》中说:“我中国近代文明进化,事事皆落人之后,惟饮食一道之进步,至今尚为文明各国所不及。中国所发明之食物,固大盛于欧美,而中国烹调法之精美,又非欧美可并驾。”“烹调之术本于文明而生,非深孕乎文明之种族,则辨味不精;辨味不精,则烹调之术不妙。中国烹调之妙,亦是表明文明进化之深也。”“中国不独食品发明之多,烹调方法之美,为各国所不及,而中国之饮食习尚暗合于科学卫生,为各国一般人所尤望尘不及也。”又说:“昔日中西未通市前,西人只知烹调法国为世界之冠;及一尝中国之味,莫不以中国为冠矣。”孙中山在这里明确指出了中国烹饪在中国文明发展史上所占的重要地位和在国际上享有的声誉。

中国烹饪以其突出的特点,在世界烹饪中独树一帜,享有很高的声誉,占有重要的地位。中国烹饪和法国烹饪、土耳其烹饪并称为世界三大烹饪。中国烹饪,以其广博的取料、精湛的加工、精美的产品,赢得了世界各国人民的赞誉;中国烹饪文化,又以其悠久的历史、博大的范围、精深的内涵、特有的东方魅力,受到广泛的欢迎。有一家美国杂志曾就“哪一个国家的菜最好吃”进行民意测验,结果90%的人投票认为中国菜最好吃。据美国一项对纽约800人的抽样调查显示,其中43%的人平时最爱吃的“外卖”第一选择是中国食品。法国前总统希拉克说,中国烹调和法国烹调一样享誉世界,他特别喜欢中国菜,尤其爱吃川菜。

中国菜肴制作精美,名目繁多,中国餐馆遍布世界各地。日本就兴起了“中国料理”热,从通都大邑到一般城镇,到处都有中国餐馆,甚至中国点心铺。在德国,仅汉堡一市,就有中国餐馆400多家。“北京烤鸭店”于1982年在汉堡开张时,简直成了汉堡全城的特大新闻,所有的报纸、广播电台、电视台,无不以醒目的标题,报道了开业盛况。中国餐馆在英国境内共有 4000 家左右。在伦敦,仅在大商业区的苏豪区(SOHO)就占了两条街。在美国,陈查礼快餐集团,已遍布全美各州,而且荣获了不少奖状,包括美国大厨和烹饪专家奖状。此外,中国餐馆在巴黎也有千家以上,在马德里也发展到了 80 多家,甚至在人口仅有两万多的哥斯达黎加首都圣约瑟,也有 80 多家。特别是 20 世纪 80 年代以来,中国烹饪,乘改革开放之风,以雄厚的实力、深厚的文化底蕴,加入了世界烹饪大交流的行列,不断主动出击,加入国际有关烹饪组织,积极参加国际上的各类烹饪大奖赛和各种形式的学术、技艺交流活动;采取"走出去""请进来"的方法,选派我国饮食业的优秀厨师去世界各国传艺、献技,邀请各国优秀厨师来我国进行交流、比赛,使中国烹饪为更多的人所了解、接受并喜欢。

四、"中国烹饪概论"的研究内容及学习方法

1. 研究内容

"中国烹饪概论"是烹饪专业的必修课,是系统掌握中国烹饪知识的入门课程。"中国烹饪概论"是以中国烹饪及其所创造的文化为研究对象,研究中国烹饪产生、发展的历史过程,烹饪风味流派的形成与发展及各流派的风味特点,中国烹饪的文化积淀、科学观念、艺术表现,饮食生活过程中产生的风俗习惯,中国烹饪未来发展的前景等内容。通过对以上内容的研究,旨在揭示中国烹饪的基本发展规律,展示中国烹饪所创造的伟大成果与高度文明,总结中国烹饪的主要特点,弘扬优秀的中国烹饪文化,进一步促进中国烹饪在改革开放中大踏步地健康发展。

2. 学习方法

学好"中国烹饪概论"课,对学生有重要的现实意义。对烹饪专业学生来讲,可以形成学习其他专业课所需要的高屋建瓴的优势;在把握中国烹饪发展一般规律的基础上,学会运用辩证唯物主义和历史唯物主义观点来看待分析处理问题的方法;在掌握中国烹饪历史、现在和未来内容的基础上,树立专业自信心、职业责任心和事业使命感,自觉培养敬业、乐业、勤业、创业的职业精神和崇高的职业道德,养成良好的职业意识,为发展中国烹饪贡献力量;同时,也为今后继续深造打好基础。学习"中国烹饪概论"的方法,建议如下:

(1) 以正确的思想理论为指导

"中国烹饪概论"作为理论性较强的课程,如果缺乏正确的思想理论来指导学习,就不能完整深刻地掌握其中的内容,更不用说运用正确的思想方法看待事物、分析处理问题了。正确的思想理论,就是要求我们用历史发展的、普遍联系的、全面的、变化的观点看待、分析、总结中国烹饪在特定的历史条件下,在多种因素综合

制约下的发展。每一种现象的出现、变化,都有其内在原因。在诸多因素作为内部动力,在主次有别、对立统一矛盾的推动下,中国烹饪不断发生由量变到质变的飞跃,成为世界上第一流的烹饪。中国烹饪未来的发展,也会遵循这一规律。所以,我们既要看到中国烹饪的辉煌,也要看到它面临的挑战;既要看到它的优势,也要看到它的不足。这样才能客观地把握它的发展,做到扬长避短,发挥优势,弘扬传统,开拓进取。这是宏观的指导。在日常学习过程中,也可以运用这一正确思想方法,具体问题具体对待,提高自己分析和处理问题的能力。

(2)理论联系实际

从根本上讲,烹饪之学就是一门实践之学。"中国烹饪概论"也是来自实践的总结,并接受实践检验而不断完善和发展的。因此,学习中特别要注意理论与实践的结合。首先,要把书本理论知识与课堂教学实践结合起来,这样一方面可以增加对书本理论知识的理解掌握,另一方面还能在实践中有所发现创新甚至修正书本知识中的不足和错误。其次,要把书本理论与社会实践结合起来。烹饪社会实践是人民群众的实践,是检验书本理论是否正确的标准和理论发展的动力。在学习中,应尽可能多地参加实习性社会实践,借助社会实践丰富、武装自己,使书本上的理论知识得到升华。

(3)广泛学习有关烹饪的各方面知识

中国烹饪发展到今天,对从业人员提出了新的要求,也给学习烹饪的学生提出了高标准的要求。作为一门学科,学生不但要学习它本身的内容,同时还要掌握或了解相关学科领域的知识,如营养学、化学、生物学、物理学、医学、农学、水产学、林学、畜牧学、食品学、工艺学、经济学、营销学、美学、心理学、历史学、政治学、哲学、民俗学、人类学、社会学、考古学、语言学、军事学等,甚至涉及材料学、电子学、海洋开发工程学、航天工程学、旅游学等。如果要深造或做学问,还涉及特殊的需要,相关知识还有很多,如对烹饪古籍进行整理,要懂得目录学、版本学、训诂学、文字学、音韵学、校勘学等知识。可见,真正要精通这门课程,必须准备学习很多相关学科的知识。

(4)随时注意收集有关信息

在知识爆炸的信息时代里,烹饪学科的知识信息也在日新月异地增加和变化着。所以,在学习中一定要注意国内外有关烹饪知识的新观点、新方法、新成果、新动向,要及时地、不断地收集积累,以丰富自己的知识库存,调整自己的知识结构,提高自己的认识水平。

本章小结

　　烹饪是人类为了满足生理需求和心理需求而把可食原料用适当方法加工成可直接食用成品的活动。中国烹饪以其突出的特点,在世界烹饪中独树一帜,享有很高的声誉,占有重要的地位。学习中国烹饪的知识,研究中国烹饪的理论和实践,提出烹饪的新观点、新方法是我们当代烹饪人的任务。

 **思考与练习**

一、名词解释

1. 烹饪

2. 中国烹饪学

二、简答题

1. 中国烹饪的基本特征有哪些?

2. "中国烹饪概论"的研究内容和学习方法是什么?

第二章

中国烹饪的起源与发展

学习目标

- 了解中国烹饪的几个发展阶段；
- 了解熟制食物的意义；
- 掌握陶器烹饪、青铜器烹饪、铁器烹饪等各烹饪发展阶段的特点；
- 了解现代烹饪发展的新趋势。

中国烹饪，历史悠久，源远流长。随着历史的发展，中国烹饪经历了从无到有、从简单到复杂、从低级到高级的漫长发展过程而日臻完善。中国烹饪发展的历史，是中国人改造自然、适应自然以求得自身生存与发展的历史。本章以烹饪过程所使用的器皿为主要划分手段，以生产力水平和烹饪技艺水平作为进步的标志，将中国烹饪的历史划分成史前熟制食物、陶器烹饪、青铜器烹饪、铁器烹饪和近现代烹饪等几个阶段。

第一节　史前熟制食物阶段

史前，是指有文字记载以前的时代，时间从二三百万年前至一万年前。考古发现，早在距今 170 万年前后，中华民族的远古祖先就已劳动、生息、繁衍在中华大地上了。人类在这一时期，经历了由生食到用火熟制食物的过程，并孕育了原始的烹饪。

一、烹饪的起源

火的使用，是烹饪起源的一个重要标志。在史前时期，人类为了求得生存同大自然进行了长期艰苦的斗争。在斗争中，古人逐步学会了劳动，学会了创造和使用劳动工具。古人类以打制石器为主要工具，过着采集和渔猎的原始生活。在没有发现并利用火之前，人类一直处于茹毛饮血的生食状态。人类用火熟制食物，起初并不自觉。由于雷电引起森林大火,许多动物因来不及逃脱而被烧死,原始人在灰烬中发现了烧熟的动物肉,食后觉得焦香扑鼻,并易咀嚼。通过无数次的尝试,原始人日渐认识到火烤制食物的功用,懂得了如何利用自然火,并在长期的劳动实践中,进一步懂得了如何生火、控制火种。从生食到熟食的转变,是人类发展史上的一个重要里程碑,也是人类饮食史上的一个重要里程碑。

人类用火熟制食物,经历了一个极其缓慢的发展过程。据考古学家考证,在山西芮城县西侯度村的西侯度文化遗址中出土的烧骨、带切痕的鹿角和动物化石,初步测定距今已有180万年,这可能是中国古人类最早用火的遗迹。在元谋人生活的地方,也有炭屑和灰烬,还有颜色发黑的动物化石;而在北京猿人遗址发现有几层面积较大的灰烬和烧土,厚的地方有6米,还有许多被烧过的兽骨化石。这表明,在距今五六十万年前的人类已懂得如何控制火种。

人类经过若干万年的实践,发现打制石块时能迸出火花,并且摸到石头发热烫手,逐步懂得了发热能生火的道理。后来,在用石片刮削木头时,发现木头和石块摩擦也能生火,因而有了上古燧人氏"钻木取火,以化腥臊"的传说。《周礼》中就有"燧人氏钻木取火,炮生为熟,令人无腹疾,有异于禽兽"的记载。

火的应用,结束了人类的野蛮时期,标志着人类进入了文明时期。

 **知识链接**

"火"的演变

火字是象形字。甲骨文字形像火焰。

字源演变:

甲骨文　　　　　小篆　　　　　楷体

二、熟制食物的意义

(1)用火熟制食物,使人类从此告别了茹毛饮血的饮食生活,标志着人类从野蛮走向文明,是人类文明史上的一大里程碑。恩格斯在《自然辩证法》中指出,火的使用"更加缩短了消化过程,因为它为口提供了可说是已经半消化了的食物",并认为这种进步具有非常重大的意义。

(2)用火熟制食物,结束了人类的生食状态,使自身的体质和智力得到迅速的发展,特别是人脑的发达。由生食变为熟食,扩大了人类食物的来源和品种,而熟食既可以杀菌,又大大减轻咀嚼的负担,缩短消化食物的过程,使人体能从食物中吸取更多的营养,促进了人类体质的健康,特别是促进了人类脑髓的发达。

(3)用火熟制食物,孕育了原始的烹饪,奠定了中国饮食史上的一次大飞跃。有了火,人类可进行熟食加工,从此开始了最原始的烹饪。原始烹饪,主要是将食物直接上火烧烤,即所谓的燔(fán)、炮、炙法,或裹上草泥后再进行烧烤,也可将石板、石子加热后使原料受热成熟。火的使用,为中国烹饪的飞跃发展打下了坚实的基础。

知识链接

史前熟制食物时期人类的食物

旧石器时期的早期(距今约 170 万年),"元谋人"主要吃采集来的植物果实、种子等植物性食物,偶尔也捕捉一些昆虫或小型的动物性食物。到了距今四五十万年前的"北京人",除了采集植物的果实外,也能猎取一些较大的动物,如肿骨鹿、斑鹿、羚羊、三门马等,还能依靠集体的力量捕获一些凶猛的动物,如剑齿虎、梅氏犀牛、豹子等。大约十万年前生活在靠近渭水与洛水的大荔(今陕西)人,还能捕捉鱼鳖虾蟹。大约六万年前生活在靠近汾水的丁村(今山西)人,捕捉鲤鱼、鲇鱼、鲩鱼等。

第二节　陶器烹饪阶段

陶器是人类历史发展到一定阶段的产物,在史前人类的饮食生活中起到非常重要的作用。我们的祖先,最初用火烧煮食物时并没有炊具,只是把捕获的鱼和兽肉等食物原料直接放在火上去烧烤,即"炮生为熟",或者烧烤石头,再借助石头传热,从而使食物成熟。这种生活,持续了相当长的时间。直到陶器的出现,才真正发挥了"火"在烹饪中的作用。陶器的出现标志着烹饪器具的产生,使具有实际意义的烹饪真正开始形成。

一、陶器的出现

人类在用火过程中,逐渐认识了黏土的性能,懂得了它在高温下可发生质的变化。在陶器发明之前,人类已经知道如何使用火。那时,人们都是用植物枝条编织的容器或一些较大的果实硬壳、蚌壳等器具作为盛水的容器,但这类容器一不耐用,二容易漏水,也不宜放在火上烧烤,生活中就需要有一种既耐火又不漏水的器具。古人在无数次的实践中,发现被火烧过的黏土会变硬,而且不再熔化,可以做器具。于是,最原始的陶器出现了。陶器的发明,使人类从旧石器时代进入到新石器时代。在考古学的研究中,一直把制陶术的发明、原始农业的出现,以及磨光石器技术和饲养业的兴起,看作是新石器时代的标志。在新石器时代,人类改造自然的能力增强了,谷物种植成了人类生活中的一项主要活动。而生存条件的改善,使人类的定居生活逐渐稳固下来,氏族社会的成员凭着长期劳动的经验,依靠集体的智慧,渐渐地把注意力转向了植物的种植,来扩大生存资料的获取,这便出现了原始农业。原始农业的出现,不仅能为人类提供比较稳定的食物,还使谷物成为人类生活中的主食。但是,谷物不便于生食,人类渴求一种新的器具来达到谷物熟食的目的。这种谷物熟食方式的要求,便是陶器发明的主要原因。

陶器的使用,使原始人的生活发生了巨大的变化。人们不仅有了较为固定的饮水盛食器具,而且也有了制作熟食的炊具,可以使人们经常吃到用火煮熟的食物,从而促进了人体的健康和定居生活。

我们的祖先发明了制陶术以后,首先用来制作人们生活迫切需要的容器、食器和炊器。由于陶器有较高的耐火性能,人们可以在陶器内加水煮熟食物,出现了今人所称的具有完备意义的烹饪,从而进入了陶器烹饪阶段。

二、陶器烹饪阶段的特点

陶器烹饪阶段,在我国烹饪史上持续了相当长的时间,几乎与新石器时代相一致。在这一阶段,中国古人类已从完全依赖自然的采集、渔猎,进化到主动改造自然的生活活动中,出现了原始的农业和畜牧业,人类的饮食生活发生了明显的变化。在烹饪文化发展过程中,形成了以下特点。

(一)烹饪器具日趋完备

原始的陶器种类简单,制作粗糙,从用途上分,只限于人们日常生活中的炊器和饮食器。从考古资料来看,史前人在饮食方面的陶制器皿很多,除了直接用在饮食方面的碗、钵以外,还有较多的炊事器具,常见的有釜、鼎、甑(zèng)、鬲(lì)、甗(yǎn)等,还有一些支架、炉灶等炊具。这些器具,在原始人的饮食生活中发挥了重要作用。

1. 炉灶的出现

陶灶、陶炉,是饮食生活发展到一定阶段的产物。它的使用与直接在篝火中和火塘内熟制食物是不同的,可以说陶灶、陶炉的发明和利用,是我国史前烹饪饮食文化的一个重要进步。由于地灶不能移动,古人就想办法开始制作可移动并与其他炊具配合使用的陶灶、陶炉。在河南磁县下潘汪遗址出土的一件陶灶,似深腹盆状,呈平底,器形为敛口,鼓腹,内沿下有作为支撑器物的凸点,火门设在腹中下部,火门边缘制成齿孔,后边与两边有相互对应的火孔。

秦代陶灶

汉代灰陶灶

陶制的炉灶虽移动方便,但在较长时间承受高温火力后就易烧裂、烧破。因此,陶灶在史前人的生活中使用不其广泛。弥补陶灶的缺陷的是鼎。鼎有三只足,是釜和灶结合的炊具,不仅便于在其下生火炊爨(cuàn),而且可以安稳地使用和随意移动。在新石器时期,还有一种被广泛使用的炊具是陶支架。它是几件成一组的炊具,就像能活动的鼎足,把其他无足形器物支撑起来烧火做饭。

陶支架

2. 器具的使用

陶器烹饪阶段,古人用作烹饪方面的器具主要有以下几种:

煮食器具,以三足圆底钵和无足圆底钵为主,器形类似现代的锅,呈敞口圆底状,一般口径为 20～30 厘米,有的在下边加 3 个锥状足,以作支撑作用。而圆底钵无法直接使用,底部必须加上器座、支架或用别的东西支撑起来才能使用。

知识链接

彩陶三足钵

彩陶三足钵高 12.5 厘米,口径 27 厘米,甘肃省秦安县大地湾一期遗址出土,甘肃省博物馆藏。

炖食器具,主要以罐、釜、鬲、鼎为主。罐,是新石器时代中最常见的炊器。釜,圆底而无足,必须安置在炉灶之上或是以其他物体支撑煮物,釜口也是圆形,可以直接用来煮、炖、煎、炒等,可视为现代所使用的"锅"的前身。鬲,其形状一般为侈

口(口沿外倾),有三个中空的足,便于炊煮加热。鼎,在我国古代饮食史上,占据了非常重要的地位。鼎有三足的圆鼎和四足的方鼎两类,又可分有盖的和无盖的两种。在没有炉灶之前,鼎作为炊具,既科学又实用——腹内可以容水和其他原料,下边三足把鼎身支起,便于烧火,是釜与灶结合的炊具。

彩陶三足钵

釜

釜,古代陶制炊器。敛口、圆唇、圆底。

河姆渡文化黑陶釜

鬲

鬲是一种陶制的炊煮器具。从出土文物看,史前很多地方都用过陶制尖底瓶。瓶的形状多样,但基本特点是小口、突腹、尖底,偏上有双耳,重心在耳上。使用时,一提绳子,重心前倾,口朝下,便于汲水。水半满时,重心下垂,瓶立,又进水使瓶满,这时重心又在上部,易倾斜,出水,可倒出(尖底瓶用在江河泉中汲水,在井中汲水用陶罐)。尖底瓶可以汲水,但不可以煮水,而且也放置不平稳,于是人们便将三个尖底瓶捏在一起制成了陶鬲。陶鬲的三个腹足站立很稳,里面可以贮水,架上干柴又可以煮水,非常实用,是当时生活中的必需器具。

龙山鬲

甑

　　蒸食器具,是陶甑(zèng)。甑,是史前居民在烹饪过程中的一大发明。甑形状与盆、钵近似,在底部有数目较多的圆孔。使用时,甑上有器盖,把甑放在釜和罐上,为上下复合形器物,下部器物内,还可用来炖、煮食物。甑相当于现代的蒸锅,开始是单用,后来便和鬲合用。上部为甑;下部为鬲,置水;中间加隔,同时可蒸两种食物。在商和西周时,甑、鬲铸为一体,名曰甗(yǎn),其具圆形,侈口有两直耳。春秋战国时,甑、鬲可以分合,直耳变为两侧附耳。这一时期还出现了四足、两耳、方形等制形。

新石器时代红陶甑

（二）原料获取方式的改变

最初，人们是依靠大自然为生的，以采集、渔猎为主要的获取方式，过着"饥即求食，饱而弃余，茹毛饮血而衣皮革"的生活。到了新石器时代，由于人口数量的增加、分布地域的扩大，仅仅靠采集和渔猎已经无法满足人类的生存需求了。人们通过长期的观察、摸索和无数次的试种，把可供食用的野生植物变成人工栽培的农作物，这就出现了原始的农业。而社会生产力的发展、打猎工具的改进和弓箭的广泛使用，使人们猎获的野兽数量增多了。在肉食丰富的情况下，就需要人们保存食物。人们发现，把捕到的活野兽养起来，比杀了好保存。在长期的饲养过程中，人们把易驯服、长得快、长得大的品种保存下来，进行繁殖，这就产生了原始的畜牧业。原始农业和畜牧业的出现，使人们获取食物的方式发生了变化，人类的食物来源得到了相对的保障。在新石器时代遗址中，能见到的粮食作物有粟（稷）、黍、稻、麦、高粱、薏苡（yì yǐ）、芝麻等；植物有葫芦、甜瓜等；驯养的动物有马、牛、羊、鸡、犬、豕等。相对稳定的食物来源，使人类能相对长期地定居于某一地方，而只有定居，人们才能烹制各种美味佳肴。饲养业和农业的发展，共同促进了人类饮食文化的发展。

（三）烹饪技艺的发展

1.原料的加工

在史前采集经济时期，人们主要以采集植物果实和块根为主，食用前只进行简单的加工处理，用手剥去果皮或敲破硬壳等。进入新石器时代后，人们有了各种各样磨制的器具，如石刀、贝刀、骨刀，还有石磨盘和石磨棒、杵、臼等。人们用这些工具对原料进行加工处理，用石刀或陶刀切割动物的肉；用石磨棒和石磨盘加工谷物，脱去谷物的壳；用杵臼加工稻谷，然后进行加热成熟。在河北磁山文化、河南裴李岗文化遗址中，发现了较为精致的石磨盘、石碾；在山东大汶口文化、甘肃马家窑文化遗址中，发现石杵、石臼，说明当时对粮食的加工已很普遍，而且达到较高的水平。除石制烹饪工具外，先民们还使用骨、蚌壳制的刀、锥等对食物进行加工。

2.烹调方法的问世

史前熟制食物阶段，人们熟制食物的方式只有烧、烤、火煨、燔炙之类。进入陶器烹饪阶段，陶器的使用，大大地改进了原始的火堆烧烤和烧石烘烤的熟制食物方式。人们利用不同的炊煮器具可以做出各种口感的食品，如釜、鼎、鬲、罐等能加水煮制食物；甑、甗可以用作蒸器；鏊（áo）则可烙饼。各种煮、蒸、炖、烤等烹调方法，由此而产生。

3.调味品的出现

太古时代没有调料。古书云："古者煮肉为汁，后人谓之太羹，太羹不致五味。"而陶器的产生，促进了调味品的产生与发展。据《淮南子·修务训》记载，神农氏之诸侯宿沙氏(夙沙氏)始煮海为盐。《世本·作》说:"夙沙氏海水为盐。"可见,在新石器时代,夙沙氏已发现了煮海水为盐的方法。有了盐,才有了调味。熟食加上调味,使人类食品更加丰富。

酒在史前时期就已出现,但只是天然果酒。因为在自然界中,一些野果成熟后,只要有适当的条件,果中所含的果糖通过发酵能生成酒精而变成天然的果酒;也有"猴采百花酿酒,土人得之石穴中"的"猿酒"。我们的祖先无意中发现了自然酿成的酒,品尝了酒的醇香后,有了酿酒的动机。粮食生产的初步发展为酿酒提供了原料上的准备,制陶业则为酿酒提供了所需的器皿,人类逐渐认识并掌握了发酵技术,发明了酿酒技术。大汶口文化遗址中出土的供调酒用的陶制盉(hé)等,都说明在陶器烹饪阶段已开始了人工酿酒。人工酿酒的发展,极大地丰富了人们的饮食生活。

在原始社会中,酒除了日常生活中饮用外,还大量用于祭祀活动。

4. 筵宴的产生

筵宴,是筵席与宴会的合称。中国最早有文字记载的筵宴,是虞舜时代的养老宴。《礼记·五制》言:"凡养老,有虞氏以燕礼。"燕即宴,这种养老宴较为简单、随便。

筵宴产生于陶器烹饪阶段。古人在丰收时要相聚庆祝,共享美味佳肴,而祭祀后的丰盛祭品又常常被人们聚而食之。人工酿酒的出现,使得人们的饮食生活获得了极大的丰富,促使先民们由原先盛大活动的聚餐向宴会转化,从而产生了筵宴。

 **知识链接**

石子馍

石子馍

石子馍又称砂子馍、饽饽、干馍,是陕西民间的一种古老的风味小吃。由于它历史悠久,加工方法原始,被称为我国食品中的活化石。

石子馍的主要原料是面粉、猪油、植物油、食盐、大料、花椒、葱等。石子馍是用烧热的石子作为炊具烙烫而制成的。石子馍外观焦黄鲜亮,中凹边凸,活像一个椭圆形的小金盆;咬开后,层次分明,外酥内软,咸香可口;经久耐贮。

第三节　青铜器烹饪阶段

夏、商、周,是中国烹饪的早期阶段。数千年的制陶业,已在造型技术和烧制火候掌握两个方面,为金属铸造准备了条件。在不断总结劳动实践经验和制陶经验的基础上,人类发明了冶炼术,并开始制作青铜器。据考证,在龙山文化时期(约公元前2800—前2300年)人类已开始炼铜,但那时的冶炼技术很原始,炼制的铜器硬度极差,只能用作装饰品和小型工具。在郑州商代遗址出土的青铜酒尊,被认为是最早出现的青铜饮具;而约在公元前1500年前出现的青铜鼎,则被视为铜烹时代开始的标志。河南安阳殷墟妇好墓出土的三联甗(由一六足甗架和三件大甑组成)和"汽柱甑形器"被证明是中国最早的铜制蒸食饮具。先民们把铜和锡制成合金,炼制而成的青铜器,具有硬度高、经久耐用的特点,得到了较为普遍的使用。至此,中国历史进入了青铜器时代。

知识链接

三联甗

三联甗于1976年在河南省安阳市殷墟妇好墓出土,高68厘米、长103.7厘米、重138.2公斤。

甗分为上下两部分,上部为甑,用以盛物;下部为鬲,用以盛水;中间有箅,商代晚期有所增加。商甗多为甑鬲合铸,连为一体,甑上多立耳,甑体较深。这种甗不仅见于中原,边远地区也有发现。还有上下两体分铸,可以分合的甗。一般为一甑一鬲。晚商出现的一鬲三甑甗,3件甗联为一体,故名"三联甗"。这件三联甗,鬲身长如方案,面上有3个高出平面的圈口,体腔中空,平底下有六足。甑敞口收腹,底有3孔以为箅。全器花纹精美,上有夔纹、三角纹、云雷纹等。此器出土时,案面有丝织物残痕,腹、足有烟炱(tái)痕迹,可见为实用器。这样的甗可以同时蒸煮几种食物,为后代的一灶数眼炊具的制造打下了基础。

商代妇好三联甗

夏、商、周,是人类历史上灿烂的青铜器时代。青铜器时代,是以青铜作为制造工具、用具和武器重要原料的人类物质文化发展阶段。青铜器作为烹饪器具,主要在当时的贵族阶层流行。青铜器的出现及在烹饪中的使用,促进了烹饪技术的发展和提高,对中国烹饪的发展具有划时代的意义,它象征着中国饮馔器具已进入金属时代,中国烹饪从此进入了青铜器烹饪阶段。

青铜器烹饪阶段,在中国烹饪发展史上具有奠基的性质。这一阶段无论在炊餐器具、烹饪原料还是在烹饪技术等方面,都显示出新的特点。

一、青铜器的出现

在青铜器烹饪时期,人们用青铜铸造各种各样的炊具和餐具。在东周一个诸侯国国君曾侯乙的墓葬中,出土的青铜器和青铜构件就达1万公斤。我国现已出土的商周青铜器物,多为炊餐具。

目前,我国出土最大的青铜器,是河南安阳武官村出土的"司母戊大方鼎"(又称"后母大方鼎")。该鼎重达875公斤,通身高133厘米、横长110厘米、宽78厘米,形状非常雄伟,外表花纹清晰、精致。鼎在青铜器时代不仅被作为炊器,而且也作为礼器,是当时统治阶级一种身份等级和权力的象征。鼎的种类多样,按用途的不同可分为专供烹饪使用的镬鼎、供席间陈设牲肉使用的升鼎及就餐使用的羞鼎等。在夏、商、周时期,青铜器的使用等级森严。《礼记·礼器》中就有"宗庙之祭,尊者举觯(zhì),卑者举角(jué)"的记载。宴飨时,使用鼎的数量按地位的高低也有一定的规定。身份不同,用鼎的数量也有所不同。天子用九鼎,诸侯用七鼎,大夫用五鼎,士用三鼎。

司母戊大方鼎

在青铜器烹饪时代,青铜器皿用于烹煮的有鼎、敦、甗、鬲、镬、釜等;用于切割的有刀、俎(砧板)和案(案可作俎,又可作食桌);用于取食的有匕(有舀饭的圆匕,取肉的尖匕之分)、箸(筷子)和勺(挹酒或挹汤用);用于盛食的有簋(guǐ)、簠(fǔ)、豆、盘等(鼎和敦有时也用来盛肉上桌);用于饮酒的有爵、角、斝(jiǎ)、盉(爵、角、斝、盉都有脚,亦可温酒)、觚(gū)、觯、兕、觥(gōng)等;用于盛酒的有尊、方彝、兽形尊、壶、罍(léi,亦用于盛水)等;用于盛水的有盆、匜(yí)、盂、鉴(亦用于放冰)、缶(亦用于盛酒)、瓿(bù)、斗等。

青铜器作为烹饪器具,主要在当时的贵族阶层流行,而平民仍使用陶器。此外,夏、商、周时期的饮食器还有专供贵族享用的漆器和玉石、象牙器,有质地精致的白陶、硬陶制作的釜、甑等炊具,有原始瓷、竹木等制作的餐饮器具。例如,在河南安阳殷墟妇好墓出土的许多精致的玉壶、玉盘、玉簋、玉勺、玉臼、玉杵和象牙杯,在湖北曾侯乙墓出土的漆耳杯、尊等,都是其中最有代表性的精品。

 知识链接

鼎

周代的鼎分为镬鼎、升鼎、羞鼎三类。镬鼎形体巨大,多无盖,用来煮白牲肉;升鼎也称正鼎,是盛放从镬鼎中取出的熟肉的器具;羞鼎则是盛放佐料的肉羹,与升鼎相配使用,所以也叫"陪鼎"。

战国蟠螭(pánchī)纹镬鼎

战国升鼎

凤螭纹蹄足羞鼎

敦

敦,是一种盛食器和礼器,流行于春秋战国时期。由鼎、簋的形制结合发展而成。它的基本造型是圆腹,双环耳,三足或圈足,窄盖,器身常常用环带纹装饰。

战国绹(táo)纹青铜敦

镬

镬,是一种煮牲肉的大型烹饪青铜器,古时指无足的鼎。

青铜镬

簋

簋(guǐ),是古代用于盛放煮熟饭食的器皿,也用作礼器。它的基本造型是圆口,双耳。

战国曾侯乙青铜簋

西周格伯青铜簋

簠

簠(fǔ),是古代盛放稻粱的器具。簠的基本形制为长方形器,盖和器身形状相同,大小一样,上下对称,合则一体,分则为两个器皿。

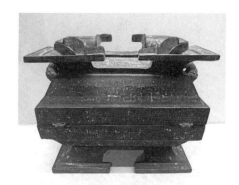

战国曾侯乙青铜簠

春秋夔(kuí)龙纹铜簠

豆

豆,是古代盛放肉或其他食品的器皿,形状像高脚盘。

战国蟠螭纹豆

爵

爵,是贵族专用的饮酒容器。从出土的形制来看,其前有流(倾酒的流槽),后有尾,中有杯,一侧有鋬(pàn),下有三足,杯口有二柱。

商代兽面纹青铜爵

斝

斝(jiǎ),是温酒的酒器,也可用作礼器。它的基本造型是三足,一鋬(耳),两柱,圆口呈喇叭形。

商代兽面纹青铜斝

盉

盉(hé),是盛酒器,是古人调和酒、水的器具,用水来调和酒味的浓淡。盉的形状较多,一般是圆口,深腹,有盖,前有流,后有鋬,下有三足或四足,盖和鋬之间有链相连接。

西汉青铜盉

觚

觚(gū),是一种酒器,盛行于中国商代和西周初期。它的基本造型是喇叭形口,细腰,高圈足。

商代青铜觚

觯

  觯(zhì),是礼器中的一种,也盛酒用。流行于商晚期和西周早期。商朝时,觯为小瓶形状,大多有盖子,圆腹,侈口,圈足。西周时,出现方柱形的觯。春秋时,觯演变成长身,形状像觚。

西周夌伯觯

兕

  兕(sì),古代一种酒器。形如下图。

兕

觥

觥(gōng),盛酒器。椭圆形或方形器身,圈足或四足。带盖,盖做成有角的兽头或长鼻上卷的象头状。有的觥全器做成动物状,头、背为盖,身为腹,四腿做足。觥盖做成兽首连接兽背脊的形状,觥的流部为兽形的颈部,可用作倾酒。

妇好青铜觥

方彝

方彝,盛酒器,盛行于商晚期至西周中期。方彝的造型特征是长方形器身,带盖,直口,直腹,圈足。器盖上小底大,做成斜坡式屋顶形,圈足上往往每边都有一个缺口。

国家博物馆藏品:青铜方彝

罍

罍(léi)，是商晚期至东周时期大型的盛酒和酿酒器皿。有方形和圆形两种形状，其中方形见于商晚期，圆形见于商朝和周朝初年。

春秋虎钮青铜罍

商代兽面纹青铜罍

匜

匜(yí)，是中国先秦礼器之一，用于沃盥之礼，为客人洗手所用。

齐侯子行青铜匜

瓿

瓿(bù),古代盛酒器和盛水器,亦用于盛酱。器形似尊,但较尊矮小。圆体,敛口,广肩,大腹,圈足,带盖,有带耳与不带耳两种,亦有方形瓿。器身常装饰饕餮、乳钉、云雷等纹饰,两耳多做成兽头状。

商代四羊首瓿

二、原料品种逐渐增多

(一)种植业、养殖业的发展,使原料品种逐渐增多

夏、商、周时期,我国大多数地区的农业、畜牧业都有很大的发展。农业生产已成为当时主要的食物来源,栽培的品种非常丰富,粮食作物已是五谷具备,如我国的第一部农书《夏小正》中就有种植"荏菽"(rěnshū)、"禾""麻"(大麻)"麦""糜"

(méi,糜子)、"秠"(pī)的记载。而蔬菜的种植品种在夏、商、周时期,也有大幅度的增长,如瓜、葫芦瓜、韭菜、苦瓜、蔓菁、萝卜、莲藕、芹、芋等品种,在《诗经》的许多诗篇中都有提及。当时的水果,先秦古籍中记载的也很多。养殖的家畜家禽的品种有马、牛、犬、羊、猪、猫、兔、鹅、鸡、骆驼、象等。

此外,捕捞工具的改进,使夏、商、周时期的捕鱼业也很发达,殷墟出土的鱼骨就有鲻(zī)鱼、黄颡(sǎng)鱼、鲤鱼、草鱼、青鱼及赤眼鳟鱼等。而狩猎在殷、周的生活中,仍占有一定的地位。随着狩猎工具的不断改良,人们捕获的野生动物越来越多。在夏、商、周时期,熊、鹿、麝、彘(zhì)、麋等大型野兽都有捕获。

(二)各种调味品逐渐齐备

原料的不断丰富、烹饪的不断发展,使人们对食物已不仅仅满足于自然之味,而是更多地要求通过各种食物之间的调配来达到口腹之欲的享受。经过不断的尝试,人们逐步发现有些食物可以起到调配原料滋味的作用,于是出现了各种调味原料。

除了天然的调味原料外,夏、商、周时期,人们还掌握了许多人工酿造调味料的方法。当时的史料中,已有盐、糖、醋、酱油、豆豉、豆酱等调味品生产的记载。如盐的制作,当时除了晒制海盐外,人们还懂得开采岩盐。糖,除了蜂蜜,古人还懂得用麦芽或淀粉发酵加温制成饴糖,从甘蔗中提炼出蔗浆等方法。醋的使用,是由于酿酒时被醋酸菌侵入,酒变成醋而开始的,当时称醋为"醯"(xī)。制酱,是以黄豆(或蚕豆)为主料,加入适量的麦麸、淀粉、盐、糖等配料,利用毛霉菌的作用发酵而成的。除了盐、糖、酱和醋,还有辛香味调料,如花椒、姜、桂、蓼、韭、薤(xiè)、葱、蒜及芥酱等。丰富的烹饪原料和调味品,为中国烹饪的进一步发展奠定了扎实的物质基础。

三、烹饪工艺进一步发展

在青铜器烹饪阶段,青铜烹饪器的应用,使高温油熟法产生;而薄形铜刀的使用,又使刀工技法得以形成。到了春秋时期,已有简单的食雕作品出现。在这一阶段,我国烹饪工艺在原料的选择、加工、切配、火候、调味、装盘等环节,都形成了一定的格局。

(一)注重原料的选择

《礼记·典礼》中关于宗庙祭祀对原料的要求,具体反映了当时人们对原料选择的烹饪经验。如,牛要用大蹄子的壮牛;猪要用硬鬃的肥猪;羊要用羊毛细密柔软的;鸡要叫声洪亮而长声的;狗要吃人家剩菜剩羹长大的;鲜鱼要鱼体挺直的;酒要用清酒,不能用浊酒等。另外,人们还懂得了鉴别原料品质的好坏。如,在《吕氏春秋·本味篇》就记载有:"肉之美者:猩猩之唇,獾獾之炙";"鱼之美者:洞庭之鲋

(zhuān),东海之鲕(ér)";"菜之美者:昆仑之蘋,寿木之华";"和之美者:阳朴之姜,招摇之桂,越骆之菌";"饭之美者:玄山之禾,不周之粟";"水之美者:三危之露,昆仑之井";"果之美者:沙棠之实"。可见,古人对原料选择的重视。

(二)重视刀工的处理和火候的掌握

青铜刀具的出现,使刀工技术得到较大的发展。周代把剔除筋骨、切成厚块的肉称为"胾"(zì),切成长条的肉称为"脯",切成薄片或缕切成丝的肉称为"脍"。当时民众已知道要使牛和野兽的瘦肉切成片,"必绝其理"(必须逆纹切)。刀工备受重视,周王室将"割烹"列为内饔(yōng)、外饔的重要职责之一。《庄子·养生主》所记"庖丁解牛"中的庖丁,其高超的刀技是"游刃有余",但如果用石刀,是无论如何也难"游刃"。

在火候方面,夏、商、周时期已懂得文、武火的运用。如《吕氏春秋·本味篇》有云:"五味三材,九沸九变,火为之纪。时疾时徐,灭腥去臊除膻,必以其胜,无失其理。"就是说,烹调要去腥臭,又要保持食物的美味,关键在于火候的掌握。

(三)注意食物性味和时令的配合

周朝的饮食,很重视季节性,注重食物的性味和时令季节的搭配。如,在春天用小羊小豕,以牛油烹制;夏天用干雉和干鱼,用犬膏烹制;秋天用小牛小麑鹿,用猪油烹制;冬天用鲜鱼及雁,以羊脂烹制。调味则坚持"春多酸、夏多苦、秋多辛、冬多咸,调以滑甘"的原则,讲究味道要应合时令。同时,古人对食物的搭配已有一整套的经验。"凡会膳食之宜,牛宜稌(tú),羊宜黍,豕宜稷,犬宜粱,雁宜麦,鱼宜蓏(luǒ)。"这是《周礼·天官》在"食医"一节所叙述的。这些荤素搭配的经验,有些仍然值得我们借鉴。

四、名食涌现,味分南北

夏、商、周时期的饮食,可分为食、饮、膳、羞、珍等类别,花色品种繁多,饭、粥、糕、点等饭食品种已见雏形,肉酱制品和羹汤菜品多达百余种。《礼记·内则篇》记载的周代名食——"八珍",是专为周天子准备的宴饮美食。"八珍"由二饭六菜组成,具体如下:

淳熬:"煎醢(hǎi,肉酱),加于陆稻(用旱稻做成的饭)上,沃(浇)之以膏(油脂)。"即稻米肉酱盖浇饭。

淳母:"煎醢,加于黍食(用黍子做成的饭食品)上,沃之以膏。"即黄米肉酱盖浇饭。

炮(烧烤乳猪或羊羔):"取豚若牂[(zāng),小羊],刲[(kuī),屠宰]之刳[(kū),剖开]之,实枣于其腹中,编萑[(huán),芦苇]以苴(jū)之,涂之以墐[(jǐn),黏土],炮之。涂皆干,擘(bāi)之,濯手以摩之,去其皽[(zhǎn),粘连于皮肉的灰膜]。为稻粉,糔溲[(xiǔsōu),使干粉濡湿]之以为酏[(yǐ),粥糊],以付豚,煎诸膏,膏必灭之。钜镬汤,以小鼎芗(xiāng)脯于其中,使其汤毋灭鼎,三日三夜毋绝火,而后调之以醯醢[(xīhǎi),醋和肉酱]。"大意为:取一个乳猪或羊羔,宰了挖掉内脏,用红枣酿满肚子,外面用芦苇裹起来,涂上黏土,放在炭火上烧;待外壳烧焦,掰开来,用湿手去除表皮的灰膜;用米粉调糊敷在皮上,放在灭顶的油锅里炸到焦黄;然后取出来,切成长条,配好香料;放在鼎中,把鼎放在大锅里炖,大锅的水不要满到鼎边上,用文火炖它三天三夜,最后用酱醋调味来吃。

捣珍(牛柳会扒山珍):"取牛羊麋鹿麇(jūn)之肉,必脄(méi),每物与牛若一。捶反侧之,去其饵,孰出之,去其皽,柔其肉。"这个菜是取牛柳(牛里脊)一条,配以等量的羊、麋鹿、梅花鹿、獐子的里脊肉,反复捶击,切去筋腱,烹熟以后,刮去外膜,把肉揉软。

渍(香酒牛羊肉):"取牛羊肉,必新杀者,薄切之,必绝其理,湛诸美酒,期朝而食之,以醢若醯醷(yì)。"大意为:把新鲜牛羊肉逆纹切成薄片,用香酒腌渍一夜,第二天早上取来吃,用酱、醋和梅酱来调味。

为熬(烘肉脯):"捶之,去其皽,编萑,布牛肉焉,屑桂与姜,以洒诸上而盐之,干而食之。施羊亦如之,施麋、施鹿、施麇皆如牛羊。欲濡肉,则释而煎之以醢;欲干肉则捶而食之。"大意为:取牛、羊、麋鹿、梅花鹿、獐子都可以,切成条块,先反复捶击,去其筋膜,摊于苇席上,撒遍姜、桂屑和盐,然后烘熟备用。吃的时候,如果想吃软的,把肉脯浸一下,用酱煎起来吃;吃干的,把肉脯取出来捶揉一下就可以吃。

糁[(sǎn),三鲜烙饭]:"取牛羊豕之肉三如一,小切之,与稻米。稻米二肉一,合以为饵,煎之。"大意为:取同等数量的新鲜牛、羊、猪肉,切粒,调味,与两份稻米混合烙熟。

肝膋[(liáo),烤网油狗肝]:"取狗肝一,幪之,以其膋濡炙之,举燋(jiāo),其膋不蓼。"大意为:取一副狗肝,用狗的网油裹起来(不用加蓼),濡湿调好味,放在炭上烤,烤到焦香即成。

在陶器烹饪阶段,饮食已出现南北风味的分野。载于《礼记》与《周礼》中的饮食品皆为北方名食,而《楚辞》所载的饮食品主要是中南名馔。其中,北方菜以黄河流域为中心,以猪犬牛羊为主料,注重烧烤煮烩,崇尚鲜咸。南方菜以长江流域为中心,以淡水鱼鲜为主要原料,辅之以野味、鲜蔬,配以佳果,注重蒸酿煨炖,口味酸辣适中,调以滑甘。这种明显的地区特征,表明中国菜肴的南北风格已不同,经过后世的继续演进,从而形成了我国南北不同的饮食风味。

五、筵宴的初步形成

筵宴,是由于原始聚会和祭祀的需要而形成的。殷商时期,筵宴已在宫廷中开始盛行。到了周代,由于生产力的发展,食物原料进一步丰富,筵宴有了初步的发展。周王室和各诸侯国除了祭祀宴飨外,在国家政事和生活的各个方面,如朝会、朝聘、游猎、出兵、班师等都要举行宴会。宴会的名目繁多,而各种宴会都需按照相应的制度举行礼仪,按宴会的等级、性质不同规定不同的设施、食具、食品种类、数量以及参与者的位置、行为规范等。如,举行一次"乡饮酒礼",从谋宾、戒宾、陈设、速宾、迎宾、拜至到最后拜赐、拜辱、息司正等,共有 24 项程序。

第四节　铁器烹饪阶段

中国用铁的历史久远。商代铜钺上铁刃的使用,表明铁已作为一种新的金属出现。春秋战国时期,中国就已掌握了炼铁的技术,开始人工冶炼铁,并制作出铁鼎。铁制工具的广泛使用,大大促进了生产力的发展和社会的进步。进入秦汉时期,铁器大量出现,铁制炊具也广泛应用于烹饪,从而使烹饪技艺得到了迅速的发展,至此中国烹饪进入了铁器烹饪阶段。

铁器烹饪阶段,从秦朝一直延续到清朝末年。从清末到现在,铁制炊具虽然仍在使用,但在能源、炉灶、烹饪工艺等方面都有了明显的变化,我们将这一时期另列为近现代烹饪阶段。在本书中,我们把铁器烹饪阶段的时间确定为秦汉到清朝末年,即贯穿我国整个封建社会时期,延续了 2000 多年。

在铁器烹饪阶段,中国社会进入了封建社会。封建制取代了奴隶制,生产力有了很大的发展,牛耕和铁制器皿的推广,使中国烹饪得到了巨大的发展,进入一个成熟发展的时期。

一、秦汉至五代时期的烹饪特点

秦汉至五代的这一时期,封建制度逐步巩固,社会不断繁荣,社会制度的变革大大地解放了生产力。随着封建土地所有制的确立,大量的奴隶转变为有一定人身自由的农民。而冶炼技术的提高,铁制器具被广泛使用,使农业生产力获得了迅速的发展。尤其在西汉时期,通过休养生息,国力不断强盛。秦筑驰道、修灵渠,汉通西域,隋修运河,交通的便利,又促进了国内外文化的交流。同时,手工业的发展、科学技术水平的提高、商业的繁荣等,使中国封建社会达到了鼎盛时期。而所有这些,都给中国烹饪的发展创造了优越的物质条件。

(一)烹饪原料的扩充

秦统一中国后,农业生产得到了迅速的发展。种植业和养殖业的发达,又使烹饪原料进一步扩充。而汉使张骞出使西域,从阿拉伯等地引进了许多蔬果新品种,使烹饪原料的品种更加丰富多彩。

在汉代，蔬菜种植业非常发达。据《盐铁论》记载：在冬天有葵菜、韭菜、香菜、姜、辛菜、紫苏、木耳等品种，还有温室培育的韭黄等多种蔬菜。扬雄的《蜀都赋》中介绍了天府之国出产的菱根、茱萸、竹笋、莲藕、瓜、瓠、椒、茄，以及果品中的枇杷、樱梅、甜柿和榛仁等原料。两汉时期，从国外引进的品种有胡瓜、西瓜、黄瓜、胡豆、胡萝卜、胡桃、无花果、安石榴、胡葱、胡椒、菠菜等。豆腐的问世，更是我国人民对饮食的一大贡献。相传，豆腐是西汉淮南王刘安发明的。在河南密县打虎亭一号汉墓中，有描绘制豆腐作坊的石刻。

在动物原料方面，猪肉已取代牛肉、羊肉，成为肉食品的主要来源。而其他肉食品利用率也有所提高，如牛奶已可炼制出酪、生酥、熟酥和醍醐等品种。随着航海事业的发展，水产品在烹饪中使用的品种也日益增多。隋代已开始食用海味，唐代进入食谱的海产品有海蟹、比目鱼、海蜇、玳瑁、蠔肉、乌贼、石花菜等。

调味品也在不断增加，出现了豉和蔗糖。《史记》中记述了汉代商人每年酿造酒、醋、豆酱各1000多缸的盛况。而从西域引进芝麻后，人们学会了用它榨油，从此植物油品种增多，促进了油烹法的发展。

 知识链接

汉代后引进的原料

汉代引进物种的风气一开，后代也都跟着仿效。汉晋引进中原的品种有黄瓜（胡瓜）、大蒜（葫）、芫荽（胡荽）、芝麻（胡麻）、核桃（胡桃）、石榴（安石榴）、无花果（阿驲）、蚕豆（胡豆）、葡萄（蒲桃）、苜蓿（木粟）、茉莉（末利）、槟榔、杨桃（五敛子）等。南北朝至唐代引进的有海棠、海枣、茄子、莴苣、菠菜（菠薐菜）、洋葱（浑提葱）、苹果（奈）。五代至明代引进的有辣椒（番椒）、番茄、番薯、玉米、西瓜、笋瓜、西葫芦、花生、胡萝卜、菠萝、豆薯、马铃薯、向日葵、番鸭、苦瓜、菜豆等。清代以后传入的有羊姜、芦笋、花菜、抱子甘蓝、凤尾菇、玉米笋、牛蛙、菜豆等。历代传入的还有八角、胡椒、荜拨、草果、豆蔻、丁香、砂仁等调味品种。

（二）燃料与烹饪器具的突破

1. 燃料

秦汉时期，烹饪所使用的燃料仍以树枝、木柴、杂草、木炭为主。唐代，还有专门用木柴烧炭的行业，如白居易的《卖炭翁》中有"伐薪烧炭南山中"的描写。用煤作燃料是这一时期的新突破。煤，古有石炭、马薪、黑金、樵石、燃石、矿炭等称谓。

中国是世界上最早用煤的国家。汉代和汉代以前,煤已被用来炼铁,在河南巩县西汉冶铁遗址出土的炼铁用燃料中,就有原煤和煤饼。烹饪使用煤则是在东汉末年,但并不普及。据《隋书·王劭传》载:"今温酒及炙肉,用石炭、柴火、草火、麻荄火。"说明当时煤在一些地区已经开始使用。到了唐朝,煤已成为全国常见的燃料,人们不仅直接用煤烹饪,还用它制作出一种叫"黑太阳"的炭饼(方法是把炭捣成末,用米粉粥调和,在铁范内捶实阴干而成),其火力持久,可"烘燃彻夜"。

2. 炉灶与炊具

先秦时期,多用地灶、陶灶。秦汉时期,已出现了铜灶和铁炭灶。不仅如此,灶的形状也发生了变化:一是出现了多眼灶,二是出现了曲突(烟囱口弯曲突出墙外)或高突(烟囱口高出屋顶)的灶。这样,既可省时方便又能拔风起火,提高灶的火力和温度,加快烹调速度。在秦汉以前,有的炉灶无"烟囱",有些炉灶用"直烟囱",这样都不安全,容易引起火灾。

除了炉灶的改进,在烹饪器具上也有了很大的改进。锅釜由厚重趋向轻薄;各种铁制的锅釜开始出现,如可供煎炒的小釜、多种用途的"五熟釜"等,还出现了"平底釜"。此外,铁鼎、炒勺、陶磨、铁钳、铁铲等都出现了,深受人们的欢迎。而用铁制刀具代替铜制刀具,可使原料加工更为精妙。在西汉,铁制刀具已逐渐普及。东汉,还出现了钢制菜刀及各种形状的刀,如尖刀、阔刀、圆口刀、方头刀、雕刻刀等。除金属刀具外,唐代还使用竹、木、骨制成的刀来加工特殊原料。如,唐代有刻成禽兽状的木模具,用来制作"赍(jī)字五字饼"(《酉阳杂俎》)。南北朝时,有底部凿孔的竹漏勺,用来漏米粉糊下油锅炸成米线。在唐朝,还出现了一种名叫"不托"的刀机,可用来切削面团、薄批肉片、细斩肉茸。(李济翁《资暇集》:"言旧未有刀机之时,皆掌托烹之。刀机既有,乃云不托。")

3. 餐具

从汉代开始,餐具的制作材料发生了变化,铜制食器逐渐被漆器所取代,但在食用中人们发现漆器既不耐用又不卫生,所以漆器又被瓷器所代替。瓷器是以高岭土、长石和石英为原料,经混合、成型、干燥、烧制而成的。它耐酸、耐碱、耐高温和低温,易于大批量生产,没有铜器和漆器的弊病,非常卫生。因此,瓷器开始成为饮食盛器,并被普遍使用。瓷器是我国古代伟大的发明之一,以青瓷、白瓷和彩瓷为主要品种。瓷器器皿干净美观,作为餐具可使菜肴大为增色。

除了材料的变化,餐具的形状也发生了变化。在汉代,簋、盂、豆、爵等餐具逐渐被平底的碗、盘、杯等所代替。至唐代,碗、盆、盘、碟已成为餐桌上的常用器皿。此外,筷子在西汉已普遍被人们使用。从唐代开始,高足餐具已从餐桌上退出了。

发生变化的,还有餐桌的出现。先秦在筵席中人们席地而坐,从汉代开始人们筵席的坐姿发生了改变。从河南灵宝出土的东汉陶桌看,其形制已同今天的木制方桌;汉魏时在西域"马扎子"的启发下,人们造出了简单的坐具;南北朝时,已出现类似今天矮桌的条案;敦煌壁画中已有长桌长椅;五代的《韩熙载夜宴图》中,人们坐着座椅,前有高桌,可以说人们宴席的席面在逐渐升高,最终结束了席地而坐的时代。

(三)烹饪工艺的发展

秦汉时期,烹饪劳动日趋精细,出现了两次大分工,即红、白两案的分工和炉、案的分工。在四川德阳出土的东汉庖厨画像砖上,画有专事切配加工的厨师和专事烹饪食物的厨师;而《汉书·百官公卿表》则明确记载了汤官主饼饵,导官主择米,庖人主宰割。烹饪的分工有利于厨师技艺的提高,使其专心一致,专攻一术。

刀具在质料和形式上的革新,为刀工技艺的进步提供了条件。唐代刀工专著《砍斫法》所讲述的刀法名目有:"小晃白、大晃白、舞梨花、柳叶缕、对翻蝴蝶、千丈线"等,包括了片、末、条、丝及特殊形状的刀工名称。刀工技艺的日益精湛,推动了菜肴造型的精美。《清异录》记载的"玲珑牡丹鲊(zhǎ)",是以鱼鲊切片拼装而成,蒸熟后红如牡丹初开,其形色俱佳。而五代比丘尼梵正所创造的"辋川小样"更系一绝,其仿制唐诗人王维《辋川图二十景》,用鲊、臛(huò)、脯、酱瓜、蔬笋等为原料制作,每客一份,一份一景,分开是二十小景,合装则是一大型风景拼盘。

烹调方法在这一时期也得到了很大的发展。《齐民要术》中介绍了多种烹调技艺,如菹(用酱拌和细切的菜肉)、鲊(用盐与米粉腌鱼)、脯腊(腌熏腊禽畜肉)、羹臛(将肉制成羹)、蒸焦(蒸与煮)、腤(ān)煎消(烧烩煎炒之类)、菹(zū)绿(泡酸菜)、炙(烤)、奥糟苞(瓮腌、酒醉或用泥封腌)、饧(xíng)脯(熬糖与做甜菜)等多种烹调方法。而植物油的使用更使油烹法得以实现,形成了"炒"这一里程碑式的烹调方法。

此外,还有杂烩、涮、红曲煮、涂色、套烤、活烤、制干胘、吊汤、花拼、酥雕等烹调方法。

(四)饮食业的兴起

饮食业的发展,是同社会生产力的发展分不开的。从西汉到隋唐,我国社会的生产力迅速发展,社会相对安定,为烹饪的繁盛奠定了物质基础,也为饮食业的发展开辟了广阔的道路。西汉时期,农业和手工业的发展,都市的日益扩大,商业的繁荣,使酒楼、饭店在各城市日益兴旺起来。汉代桓宽在《盐铁论·散不足》中就有"熟食遍列,殽旅成市"的记载。而北魏的洛阳大市有八里,东市的"通商""达货"二里,"里内之人,尽皆工巧,屠饭为生";西市的"延酤(gū)""治觞"二里,"里内之人,多酿酒为业"。隋朝大运河的开通,沟通了南北交通;唐朝社会生产力的飞速发展,使陆上海上交通日益发达——横贯中西的"丝绸之路"空前繁荣,使农业、手工业、商业的发展都达到了空前的水平,特别是隋唐政治中心的迁移,我国南北的大都市日益增多,东都洛邑、西京长安、中州汴梁、金陵、扬州都是著名的大都会。为适应都市政治、经济生活的需要,饮食业出现了崭新的面貌,其经营方式变得灵活多样,既有行坊、店肆、摊贩,也有推车、肩挑叫卖的沿街兜售的小贩等。饮食店肆分布极广,不仅城市和交通要道上有摊贩和供食宿的旅店,就连乡村也有酒店。经营方式也是灵活多样,昼夜兼营。

二、宋元明清时期的烹饪特点

两宋至明清时期,虽社会动荡不安,战争不断,但中国烹饪的发展仍然生机勃勃。两宋时期,随着江南和岭南的大规模开发,中国经济中心南移,政治中心也开始东移。宋辽金元时期,北方历经战乱,生产时遭破坏,发展较缓慢;而南方受破坏少,农业生产在前代的基础上有较大的发展,从而使我国南方的经济、政治、文化都进入一个较高的水平。明代,采取鼓励开荒、兴修水利等措施,促使农业生产不断提高。手工业的发展,出现了资本主义的萌芽。商业繁荣,出现了许多"万家灯火"的城市。清"康乾盛世"时代,农业、手工业等更进一步,商业更加繁荣;但后来随着西方列强的不断入侵,中国逐步沦为半殖民地半封建社会。从两宋到明清,虽历经战乱,但经济繁荣,生产发展是总的趋势,饮食业进入了更成熟的时期。

(一)烹饪原料的引进和利用

丰富的烹饪原料是烹饪发展的物质基础。从宋到明清,我国烹饪原料从国外引进的有阿剌吉酒(烧酒)、笋瓜、西葫芦、花生、菠萝、豆薯、马铃薯、苦瓜、菜豆、辣椒、洋姜、向日葵等品种,大大丰富了烹饪原料的品种。

此外,由于原料品种和产量的不断增加,人们对原料的质量提出了更高的要求。元明清时,菜农增加,蔬菜的种植面积进一步扩大,栽培技术也相应得到了提高。这不仅促进了烹饪原料品种的增多,也促进了蔬菜品种的优化。如,白菜是我国古代的蔬菜品种,至明清,经过不断改良,培育出多个优良品种,在我国南北方都有大量栽培,成为深受人们喜爱的蔬菜品种。

在原料的妙用方面,中国古代的厨师就知道如何巧妙合理地利用烹饪原料。通过不同的烹饪技法,厨师可以用一种原料制作出多种多样的馔肴,如分别以猪、牛、羊等为原料,通过分档取料、刀工切配、采用不同的烹调方法和调味手段,可以烹制出几十乃至上百款的馔肴;厨师们还将烹饪加工过程中出现的某些废弃之物回收利用,来制作馔肴。如,锅巴本是烧饭时因过火而形成的锅底焦饭,理应废弃不用,但人们用以制醋,更有人用它来制作菜肴。袁枚《随园食单》所记的"白云片"、傅崇榘《成都通览》所记的"锅巴海参",都是以锅巴为原料制作而成的、风味独特的美食。

（二）烹饪技艺趋于高超

烹饪原料的丰富，为烹饪技艺的发展提供了有利条件；而烹饪器具的改良，更为烹饪技艺的提高发挥了作用。如金代出土的"双耳铁锅"（类似于今天南方的铁锅）、宋代的"燎炉"（这种燎炉，可以自由移动，不用人力吹火，使用炉门拔风，易于控制火候）、"铫"[（diào），宋林洪《山家清洪》记载，武夷六曲一带人们冬季使用的，类似今人所说的火锅]等。在宋代还出现了多层蒸笼，这表明蒸的烹饪技法已更上一层楼。

（1）刀工工艺方面：随着刀工技术的提高，元代已有柳叶形、骰（tóu）子块、象眼块等原料形状的名目，明代已出现了整鸡出骨技术。

（2）原料的初加工工艺方面：明代已能较全面地对原料进行洁净、分档取料等，并能用生石灰加水来涨发熊掌。

（3）面点工艺方面：宋元时期用酵面发酵已非常普及，并出现了利用"对碱酵子"发酵的方法来控制面团的酸碱度，油酥面团、烫面面团的制作方法亦已成熟。

（4）烹调工艺方面：宋代主要的烹调法已达 30 多种，如炒、爆、煎、炸、氽、涮、焙、炉烤、熰、冻等技法。元代出现了软炸、火养、包面炙、贴、生烧、熟烧、摊等烹调技法。明代，烹调方法更是多种多样，如《宋氏养生部》一书光收录的"猪"类菜肴的烹调方法就达 30 多种，而书中记载的酱烧、清烧、生爨、熟爨、酱烹、盐酒烹等，都是很有特色的烹调方法。到了清代，烹调工艺又有所发展，出现了爆、炒等快速成熟的技法。

（5）调味方面：在宋代出现的红曲，明代已在江南盛行。明代出现的糟油、腐乳、草果、砂仁、豆蔻、苏叶等，几乎成了宫廷不可缺少的调味品。清朝后期，咖喱粉等也进入调味品行列，使中国烹饪的味型更加完善。

（三）传统风味流派的形成

地方风味流派的形成，与政治、经济、地理、风俗、历史等诸多因素有关。从先秦开始，中国烹饪风味就有南北区域的差异，《周礼》所载的"八珍"与《楚辞》所载的楚地名食，分别代表了北食和南食的特点。秦汉以后，区域性的地方风味更加显现。隋唐时，有"东南佳味"；宋代，市肆饮食文化流派已成气候，有"南食""北食""川饭店""川饭分茶"等名称；发展到清代，由于烹调技术全面提高，菜点数量众多，地方风味流派已经完全形成。在清徐珂编撰的《清稗类钞》中，记载了当时地域性风味流派的有关情况："北人嗜葱蒜，滇、黔、湘、蜀人嗜辛辣品，粤人嗜淡食，苏人嗜糖。"并指出："肴馔之有特色者，为京师、山东、四川、广东、福建、江宁、苏州、镇江、扬州、淮安。"我们目前所说的四大菜系，即长江下游的江苏风味、黄河下游的山东风味、珠江流域的广东风味和长江中游地区的四川风味，在这一时期都已发展成型。

（四）筵宴的兴盛

两宋时期，筵宴有了较大的发展。其形式多样，名目繁多，有享礼宴、节宴、寿宴、喜庆宴等不同种类的宴会，并且场面隆重，设施豪华，菜点丰盛，程序繁杂。如皇帝寿宴，据《东京梦华录》载，赴宴者多为皇亲国戚、文武百官和外国使节，所上菜点约 50 道，演出节目包括歌舞、杂剧、蹴鞠、摔跤、杂技等，演出人数近 2000 人，宴会服务人员不计其数。民间喜庆宴会也很普及，市肆上有"四司六局"，专门经营民间喜庆宴会，采取统一指挥、分工合作的集团化生产办法。

元代的宴会，受蒙古族风俗影响，大型宴会多采用羊、奶酪、烧烤食品，与其草原民族风格相对应。宴会多豪饮，并在宋"看食"的基础上，增加果盒、香炉、花瓶等桌饰物。

明清时期，中国筵宴已趋于成熟，并走向鼎盛时期。随着社会经济的繁荣，各民族风味的大融合，上层人士更加追求宴饮的豪华与排场，礼仪与格局的烦琐与讲究。具体表现在以下几个方面：首先，宴会场所的布置有度，八仙桌、圆桌、太师椅、鼓形凳等桌椅，因不同需要而被采用；席位多为六、八、十人一席，主人、主宾、随从、陪客的位置有具体的规定，按"席图"入座；桌椅饰物华丽讲究，"看食"发展成为"看席"，餐具配套成龙，一桌席面用一色的器皿。其次，宴会注重等级、套路、命名。明代万历年间的乡试大典宴会，分上马宴、下马宴，各有上、中、下三等之别，菜点由高到低递减。民间宴会也这样，以碗、碟多少来区分等级，如十六碟八大八小、十二碟六大六小、重九席、双八席、五福六寿席、三蒸九扣席、十大件等，各有例则，自成体系。

同时，筵宴的种类也不断增多，规模更加宏大。如改元建号的"定鼎宴"，恭贺新禧的"元旦宴"，庆祝胜利的"凯旋宴"，皇帝登基的"元会宴"，皇帝大婚的"纳彩宴"，皇帝、皇后、太后过生日的"万寿宴""千秋宴"和"圣寿宴"，以及冬至宴、耕耩(jiǎng)宴、乡试宴等。中国古代社会，场面最大、规模最盛、耗资最多的宴席，是"康乾盛世"的"千叟宴"。千叟宴最早始于康熙，盛于乾隆时期，是清宫中规模最大、与宴者最多的盛大御宴，在清代共举办过 4 次。据《御茶膳食簿册》及有关史料记载，千叟宴规模庞大，一次宴会就摆了 800 张筵桌，且等级严格，礼仪繁杂。此外，说起筵宴，不能不提到"满汉全席"。"满汉全席"是清代最著名、影响最大的筵席，兴起于清代中叶，由满点和汉菜所组成，包括大小菜肴共 108 件，其中南菜 54 件，北菜 54 件。点菜不在其中，随点随加。满洲饽饽大小花色品种 44 道，集山珍海味、满汉烹法于一席，一般需吃两天以上。满汉全席的菜点精美，礼仪非常讲究，有着引人注目的独特风格。入席前，先上二对香、茶水和手碟；台面上有四鲜果、四干果、四看果和四蜜饯；入席后先上冷盘，然后热炒菜、大菜、甜菜依次上桌。满汉全席，分为六宴，均以清宫著名大宴命名。使用全套粉彩万寿的餐具，配以银器，富贵华丽。席间专请名师奏古乐伴宴，礼仪严谨庄重。

第五节　近现代烹饪

从鸦片战争至今日,为中国烹饪近现代发展时期。这一时期,虽然仍使用一些铁制炊具,但其加热设备、能源、工艺等都有了明显的变化,形成了新的特点。新中国诞生后,社会制度发生了根本的变化,从根本上消除了阻碍烹饪发展的不利因素,彻底改变了鄙视烹饪技术的陈腐观念。特别是改革开放以来,烹饪技术作为一门科学,作为一门艺术,得到了社会的承认。烹饪原料日益丰富,饮食消费观念日益更新,烹饪工具与生产方式日趋现代化,各民族之间、地区之间、中外之间的烹饪文化与技术交流也逐渐频繁;人们日益重视烹饪理论的研究,开始用现代科学思想指导烹饪的发展,中国烹饪呈现出一种全新的面貌。

一、重视饮食文化研究

在古代,由于历史的局限和科学技术的落后,尤其是古代的厨师,因社会地位低下,缺乏文化知识,尽管积累了丰富的实践经验,创造了丰富多彩的烹饪技艺,但没有能力把实践经验升华为烹饪理论,对烹调原理和制作方法不能进一步地进行探讨和科学性地说明,使烹饪的发展受到了很大的限制。清末,帝国主义列强的侵略,在给中国带来巨大灾难的同时,也将近代科技思想传播到中国。中国的有识之士在努力向西方国家学习先进的科学技术的过程中,逐渐懂得要用西方近代科学方法来研究中国烹饪,使烹饪理论不断丰富。如杨章父的《素食养生记》、张思廷的《饮食与健康》、刘伦的《食品化学》、萧闻曳的《烹饪法》和《女子烹饪教科书》等,都论及饮食的理论、营养知识、食品化学、食品卫生等问题。

新中国成立后,特别是改革开放以来,国家对烹饪遗产采取了继承和发扬的方针,在全国各地创办了不同类型的烹饪学校,编撰烹饪教材,培养不同层次的烹饪人才,普遍提高烹饪人员的科学文化和技艺水平,彻底改变烹饪行业落后的授徒方式。同时,挖掘古代的烹饪专著和烹饪史料,创办烹饪专业性报刊,促进烹饪理论的研究和技术交流,拓宽烹饪研究的范畴,从不同的角度,运用不同的理论,如民俗学、心理学、文学、生物学、化学、原料学、营养学、烹饪美学等学科知识来研究烹饪的历史发展,阐释烹饪过程中所发生的现象,探讨其相互间的关系和规律,促进烹饪的发展,使中国烹饪事业出现了一个崭新的局面。

二、物质条件日趋改善,烹饪工艺日趋科学

现代科学技术的发展和应用,如现代工业、现代农业、现代养殖业、生物工程、

生物化学等科学技术，为烹饪原料、烹饪工具以及烹饪能源等的发展，开辟了广阔的新天地。

（一）烹饪原料日益丰富

近现代烹饪阶段，由于我国对外开放政策的不断加强，尤其是近十几年来提倡优质高效农业，大搞"菜篮子工程"建设，烹饪原料日益丰富。我国从世界各国引进了许多优质的烹饪原料，如芦笋、西蓝花、凤尾菇、玉米笋、莴苣、樱桃番茄、奶油生菜、结球茴香、牛蛙、珍珠鸡、鸵鸟等新品种。现代科学也使捕捞技术和人工养殖业大为发展，各种海产品不断丰富，如扇贝、鲍鱼、刺参、湖蟹、鳖、鳗鲡等原料，现在都可以进行人工养殖；而原来比较稀少的菌类，也由于人工栽培技术的发展而成为人们餐桌上的普通佳肴，如猴头菇、竹荪、银耳等。温室栽培的发展又使许多蔬菜打破了季节性，人们可以一年四季都品尝到它们的美味；调味品的种类也在不断地增多，使菜肴味型更加丰富。

（二）新的能源和设备的运用越发广泛

随着科学技术的发展，烹饪能源由原来使用的柴、煤逐步向煤气、电、太阳能、油、沼气等方面发展。新能源的使用，有利于烹饪操作，大大改善了厨房的卫生状况和厨师的劳动条件，提高了工作效率。随着新能源的使用，许多新型的炉灶，如电炉、微波炉、电磁炉、电烤箱、电饭煲、太阳能灶、液化气灶、沼气灶等相继出现。炊具也向不锈钢制品方向发展；而电冰箱、电动鼓风机、抽油烟机、切肉机、洗碗机、电烤箱、绞肉机、和面机、馒头机、饺子机、打蛋机、磨浆机、压面机等现代新型厨房设备的涌现，对烹饪生产的现代化起到了一定的作用。

（三）烹饪工艺不断完善

现代烹调工艺有手工工艺和机械工艺之分。手工工艺继承了传统的烹饪工艺，技术性强。机械工艺，是指由于现代厨房设备的发展，采用机械设备代替厨师的手工操作，如切肉机、绞肉机可代替厨师手工切割、制茸，使制品规格划一，质量一致。尤其是近十几年来我国改革开放的深入，西方的一些先进的厨房设施设备和烹饪方法进入我国，使中国烹饪受到启迪，新的烹调技术不断出现，传统的烹调技术不断完善，不合理的操作方法不断改变，使中国烹饪更加科学化、合理化。而由于食品工业的兴起，传统手工烹饪的食品，如火腿、月饼、香肠、饺子、包子等，已能在食品厂内进行生产加工，使烹饪工艺更加规范、标准，从而减轻了手工烹饪繁重的体力劳动，使烹饪技艺日趋现代化。

三、饮食文化交流日趋频繁

在近现代烹饪阶段，火车、飞机、汽车、轮船等现代交通工具的使用和交通条件的大大改善,使交通变得越来越快捷,人口流动越来越方便,各民族、各地区间的烹饪交流也越来越频繁和广泛。在全国各大、中城市餐馆、酒楼中,我们既可品尝到当地的风味菜点,也能吃到不少异地的风味菜点。各地饮食文化的不断相互交融与渗透,使各地的烹饪方法不断地交叉融合。如,原先川菜所特有的干煸、干烧技法,已为全国各地的厨师所普遍掌握;湖南的"剁椒鱼头"已成为杭州餐馆的一个招牌菜,并深受杭州人的喜爱;而"川味火锅"更是流传全国各地,在全国掀起一阵"火锅"热。

随着各民族间的友好交往和旅游的日益发展,民族风味食品也被许多人接受并喜爱,如满族的"萨其玛"、维吾尔族的"烤羊肉串"、土家族的"米包子"、黎族与傣族的"竹筒饭"等,已成为各民族都喜爱的食品;而信奉伊斯兰教的各民族的清真菜、清真小吃、清真糕点等,更是遍及中国各大中城市。

从 20 世纪末起,中外烹饪交流也不断加强,西式蛋糕、蛋卷、奶油、面包、牛排等西式菜点也进入中国,并产生了较大的影响。如今面包、蛋糕已成为现代中国家庭的早餐食品之一。

随着西方食品的进入,西餐的烹饪术与中餐的烹饪方法不断相互影响,中餐的烹调技法汲取了西餐技法的精华,不断完善自己。

近十几年来,随着我国改革开放的不断深入,中外交流更加频繁,西式快餐、日本料理、泰国风味、韩国烧烤等异国风味竞相登陆中国,冲击着古老的中国烹饪;同时,异国先进的管理理念和烹饪技术,也给古老的中国烹饪带来许多启迪,为中国烹饪增添了旺盛的生命力。

中国烹饪在吸收他人长处的同时,也不断地走出去,扩大中国烹饪与海外的交流,使中国烹饪在海外的影响越来越大。在遍及全世界的 6000 多万中国侨民中,有不少以开中式餐馆谋生,他们传播着中国烹饪的技术和风味菜肴,使海外人士大开眼界。改革开放以来,中国又不断派出烹饪专家、技术人员到各国讲学、表演,参加世界性烹饪比赛,乃至合作办中餐馆等,使海外更多的人了解中国烹饪,喜爱中国烹饪。这一切极大地提高了中国烹饪在海外的知名度,扩大了中国烹饪在海外的影响力。

四、筵宴不断创新

20 世纪以来,随着时代浪潮的冲击,社会经济的发展,人民生活水平的不断提高,人们对各种美食的要求越来越普遍,尤其是对新、奇、特食品的追求日益强烈。为适应这些新的需求,各地厨师创新出大量的别具风味的特色筵宴。其中,最令人称道的是姑苏茶肴宴、西安的饺子宴和四川小吃席等。姑苏茶肴宴,是 1992 年 6 月在全国旅游交易会上推出的创新筵席,它将菜点与茶结合在一起,开席后先上淡红色似茶又似酒的茶酒,接着上芙蓉绿毫、铁观音炖鸭、鱼香鳗球、龙井筋页汤、银针蛤蜊汤等用名茶烹制的佳肴,再上用茶汁、茶叶等作配料的点心:玉兰茶糕、茶元宝等。这些风味独特的创新筵宴与传统筵宴一起,共同促进了筵宴的进一步繁荣兴盛。

随着社会的发展,筵席在形式上也发生了许多的变化。受西方饮食文化的影响,冷餐酒会、鸡尾酒会、自助餐等形式的宴会,在中国各地兴起,并深得不少中国人的喜爱。

而人民生活水平的提高和科学知识的普及,使现代人的饮食观念也发生了变化,由求温饱向讲营养转变,懂得用现代营养学知识指导筵席设计,改变传统筵宴讲究排场、浪费严重、营养比例失调的弊端,向"小""精""全""特"等方向转变。"小"指的是筵席的规格和格局,"精"指的是菜点的质量和数量,"全"指的是营养素之间的搭配,"特"指的是筵席的独特风格。

本章小结

中国烹饪,历史悠久。中国烹饪的历史,即是中国烹饪文化发展的历史。本章以生产力水平和烹饪技艺的发展水平为标志,将中国烹饪分为五个阶段:史前熟制食物阶段,主要在旧石器时代;陶器烹饪阶段,主要在新石器时代;青铜器烹饪阶段,主要在夏、商、周时期;铁器烹饪阶段,从秦汉开始直至明清时期;近现代烹饪阶段,从鸦片战争至今。在每个阶段,中国烹饪在炊器、食物原料、烹调方法和烹饪成品四个方面都有其独特之处。本章分别论述了中国烹饪发展五个阶段的烹饪成就。

 **思考与练习**

一、名词解释

1. 周代八珍

2. 满汉全席

二、选择题

1. ( )的出现标志着实际意义的烹饪开始真正形成。

A. 火   B. 陶器   C. 炉灶   D. 调味品

2. 相传豆腐是在( )代发明的。

A. 秦   B. 汉   C. 隋   D. 唐

3. 辣椒是在( )朝从国外引进的。

A. 隋   B. 唐   C. 元   D. 明

4. 筵宴是在( )阶段开始出现的。

A. 史前熟制食物   B. 陶器烹饪

C. 青铜器烹饪   D. 铁器烹饪

三、简答题

1. 中国烹饪历史大致可分为哪几个阶段?

2. 烹饪工艺在何时初步形成一定的格局? 为什么?

3. 汉朝时期烹饪的发展体现在哪几个方面?

4. 近现代烹饪阶段的烹饪工具与生产方式变化主要体现在哪些方面?

四、分析题

1. 与传统烹饪相比较,现代烹饪有哪些特征?

2. 中国烹饪史中一个重要的转折时期是哪一个时期? 请说明理由。

五、拓展练习题

课外查找有关满汉全席的资料,根据自己的感受仿制一道满汉全席中的菜肴。

第三章

中国烹饪的风味流派

学习目标

- 掌握山东风味、四川风味、江苏风味、广东风味的特点；
- 了解其他地方风味的特点；
- 了解民族风味、寺院风味的特点；
- 了解各朝代宫廷风味的发展；
- 掌握我国宫廷风味的主要特点；
- 了解官府菜的代表——孔府菜和谭家菜。

中国烹饪的风味流派，是在长期的发展过程中形成的。我国幅员辽阔，各地区的自然条件、地理环境和物产资源有着很大的差别，这就造成了各地人们的饮食爱好和口味习惯各不相同，从而形成了各具特色的餐饮风味流派。

第一节　地方风味

地方风味是构成中国菜的主要成分，它具有浓郁的地方特色。我国地方风味的形成，既有历史的因素，又有地理、环境、气候、物产及政治、经济、习俗等多方面的因素。各地方风味均有悠久的历史，有各自擅长的烹调技法、独特的调味手段、悠久的传统饮食习俗。在众多的地方风味中，最具特色的，首推黄河下游的山东风味、长江中游的四川风味、珠江流域的广东风味和长江下游的江苏风味。

一、黄河流域的四大风味

（一）山东风味

山东风味又称"鲁菜"，其历史悠久，源远流长，是我国影响最大、流传最广的菜系之一。山东是中国古文化的发祥地之一，大汶口文化、龙山文化出土的红砂陶、黑陶、灰陶、蛋壳陶等烹饪器皿、酒具，反映了新石器时代齐鲁地区的饮食文明。

早在 2000 多年前,《论语》《礼记》等古籍中就有关于烹饪的论述。春秋战国时期,孔子提出了"食不厌精、脍不厌细"的饮食观,从烹调的火候、调味、饮食卫生、饮食礼仪等多方面提出了自己的饮食主张。南北朝时,贾思勰所撰的《齐民要术》记载的当时黄河中下游,特别是山东地区的北方菜肴或食品达百种以上,可见山东菜烹饪的理论和技艺在当时已初具规模。唐代,社会的进步和经济的发展,推动了山东烹饪的发展;明清时期,山东风味不断丰富和提高,并以其纯熟的烹调技艺影响了黄河流域及其以北的广大地区。

山东菜的形成和发展,除了深厚的社会文化基础,还得益于天然的地理环境和丰富的物产资源。山东地处我国东部沿海,黄河自西而东横贯其境;胶东半岛延伸于渤海和黄海之间,形成了长达 3000 多公里的海岸线;北踞华北平原,西南为鲁西平原,中部高山耸立、丘陵起伏,南有微山、南阳等湖泊,全省气候适宜,为烹饪的发展提供了取之不尽的物质资源。

山东风味在长期的发展过程中,积累了一整套烹调技法,常用的技法有爆、塌、炒、烧、扒、氽、熘、炸、熬、蒸、熏、腊、拔丝、挂霜、琉璃、蜜汁、水晶等 30 种以上,其中尤以爆、塌为最。"爆"法,有油爆、汤爆、葱爆、芫爆、酱爆、火爆等多种,用旺火速成,使菜肴呈现鲜嫩香脆、清淡爽口的特色,如"油爆双脆""爆鸡胗""油爆海螺"等。"塌"法,是山东特有的一种烹调技法,源于民间,是将质地细嫩的原料加工成一定的形状,调味后,或夹以馅心或粘粉挂糊,放入油锅中两面煎至金黄色,控出油再加汁和调料、香料,以微火煨收汤汁,令原料酥烂柔软,色泽金黄,味道醇厚,如"锅塌肉片""锅塌豆腐"等。

山东菜具有味鲜形美,脆嫩夺人的特色,口味极重纯正醇浓,咸、鲜、酸、甜、辣各味皆有,很少有复合味。咸味,其用盐十分讲究,通常将盐加清水溶化净化后再入菜,特别擅长使用甜面酱、豆瓣酱、虾酱、鱼酱、酱油、豆豉等咸料调味,不但调咸味,也增加其鲜、香味。鲜味,多用鲜汤调之。山东菜善于制汤、用汤。山东的清汤、奶汤,在全国有名;制好的清汤、奶汤加入山珍海味鲜蔬杂货中,淡者提鲜、腥者增鲜,可丰富菜品的鲜度。酸味,通常醋加糖和香料后使用,使其柔和鲜香。甜味,将糖熬过后再使用,使其甜味纯正。辣味,重于葱、蒜的使用,以葱椒、绍酒、葱油、葱椒泥等调和,尤善于用葱香调味——在菜肴的烹制过程中,无论是爆炒、烧熘,还是烹调汤汁,都要用葱料爆锅,就是蒸、炸、烤等菜肴也要借用葱香提味。各种调味品的使用,使山东菜具有清、香、鲜的特色。

山东菜由内陆的济南菜和沿海的胶东菜构成,分别有各自不同的烹饪特色。济南菜以省府济南为中心,其制作精细,取料广泛,讲究清香、脆嫩、味醇;历来精于制汤,"清汤""奶汤"极为讲究,独具一格。口味多以鲜咸为主,变化多端,也有酱香、咸酸、五香、酸辣等味型,善用炸、煎、扒、熘、爆、炒、焖、烤、烧等技法。甜菜喜欢以拔丝、蜜汁等烹调方法烹制。胶东菜又称福山菜,是胶东沿海青岛、烟台等地的地方风味,以烹制各种海鲜而著称,口味讲究清鲜,多用能保持原味的烹调方法,如清蒸、清煮、扒、烧、炒等,甜菜多用挂霜的烹调方法。

山东名菜有糖醋黄河鲤鱼、油爆双脆、九转大肠、锅烧肘子、锅塌豆腐、琉璃苹果、油焖大虾、葱烧海参、奶汤鱼翅、红烧海螺、四味大虾等。

**知识链接**

九转大肠

九转大肠是山东传统名菜。此菜清朝光绪年间,由济南九华林酒楼店主首创。此菜开始名为"红烧大肠",后经过多次改进,使红烧大肠味道进一步提高。许多著名人士在该店设宴时均备"红烧大肠"一菜。一些文人雅士食后,感到此菜确实与众不同,别有滋味,为取悦店家喜"九"之癖,并称赞厨师制作此菜像道家"九炼金丹"一样精工细作,便将其更名为"九转大肠"。

主料:猪大肠750克。

调料:酱油25克,味精5克,醋50克,白砂糖100克,胡椒粉0.25克,料酒10克,肉桂0.25克,盐4克,砂仁0.25克,大蒜5克,香油15克,香菜2克,小葱5克,鸡油15克,姜5克,清汤100克,花椒油15克。

烹饪方法:烧。

口味:酸辣味。

制作方法:

(1)将肥肠洗净煮熟,细尾切去不用,切成2.5厘米长的段,放入沸水中煮透捞出控干水分,备用。

(2)炒锅内注入油,待七成热时,下入大肠炸至金红色时捞出。

(3)炒锅内倒入油烧热,放入葱姜蒜末炒出香味后,加酱油、白糖、醋、盐、味精、料酒、汤汁开起后,迅速加入大肠,再移至微火上煨;待汤汁至1/4时,放入胡椒粉、肉桂(碾碎)、砂仁(碾碎),继续煨至汤干汁浓时,颠转匀使汁均匀地裹在大肠上,淋上花椒油,拖入盘中,撒上香菜末即成。

菜肴特点:色泽红润,大肠软嫩,口感咸、甜、酸、辣,鲜香异常,肥而不腻。

操作要领:

(1)肥肠用套洗的方法,里外翻洗几遍,可用盐、醋等进行揉搓,除去黏液,再用清水将大肠里外冲洗干净。

(2)将洗干净的肥肠放入凉水锅中慢慢加热,水烧开后10分钟换水再煮,以便除去大肠的腥臊味。

（3）煮肥肠时水要宽，开锅后改用微火。如果发现大肠有鼓包处，可用筷子扎眼放气。

（4）制作时要一焯、二煮、三炸、四烧。

九转大肠

山东风味的另一大特点是面食品种极多。小麦、玉米、甘薯、黄豆、高粱、小米、黍子，均可制作风味各异的面食、点心和小吃，如宽心面、麻汁面、高桩馒头、枣糕等。

山东菜从古至今，不断丰富、提高，发展成为北方菜的优秀代表，影响极广，是中国烹饪文化艺术瑰宝之一，在中国烹饪的历史发展中占据着重要的地位。

 **知识链接**

山东特产原料

植物性原料：章丘大葱、苍山蒜、莱芜姜、胶州白菜、潍坊萝卜、寿光韭菜等，都是蜚声海内外的名品。水果产量居全国前列，且品质极佳，如烟台苹果、莱阳梨、阳信梨、乐陵小枣、德州西瓜、肥城桃、青州蜜桃、大泽山葡萄、曹州木瓜等，皆是果中上品。

水产品：山东的水产品产量在全国居第三位。山东省沿海水域盛产鱼、虾、贝、藻等60多种海产品，主要经济鱼类有小黄鱼、带鱼、黄姑鱼、白姑鱼、叫姑鱼、鳕鱼、红头鱼、鲳鱼、鲆、鲽、鲷、鳐、鳗、鱼甬、鲨、青鱼、鲐、鲅、鰳（lè）、梭鱼、银鱼、海龟、海蛇、对虾、毛虾、鹰爪虾、梭子蟹、文蛤、毛蚶、四角蛤、青蛤、杂色蛤、贻贝、扇贝、牡蛎、鲍鱼、海参等40多种，海藻中产量大的主要有浒苔、石莼、礁膜、紫菜、石花菜、江蓠、海萝、海带、裙带菜、海蒿子、羊栖菜、海禾水子、鹿角菜等20多种。淡水鱼类资源主要有鲫鱼、鲤鱼、草鱼、乌鳢(lǐ)、毛蟹、秀丽白虾、日本沼虾、甲鱼、鳙鱼、鲢鱼、鲴鱼、鲂鱼、鳊鱼、非洲鲫鱼、翘嘴红鱼白、鲇鱼、黄鳝、泥鳅、鳗鲡、赤眼鳟、鳑鲏(pángpí)鱼、麦穗鱼等70多种。

畜禽类：主要有鲁西黄牛、渤海黑牛、蒙山牛、德州大驴、沂蒙黑猪、垛山猪、莱芜猪、木碗头猪、莲花头猪、崂山猪、烟台黑猪、昌潍黑猪、滕县白猪、平度黑猪、黑岔猪、大尾寒羊、小尾寒羊、鲁北白山羊、济宁青山羊、沂蒙黑山羊、泗水羊、崂山奶羊、寿光鸡、济南花鸡、汶上芦花鸡、汶上百日鸡、琅琊鸡、荣成元宝鸡、济宁鸡、斗鸡、微山麻鸭、金乡百子鹅、五龙鹅等。

调料：有名的有洛口食醋、济南酱油、即墨老酒、临沂八宝豆豉等。

（二）河南风味

河南地处中原,位于黄河中下游,幅员辽阔,土地肥沃,物产丰富。河南风味又称"豫菜",是在北宋开封菜的基础上发展起来的。其菜肴的特点是取料广泛、刀工精细、讲究制汤、质味适中。

（1）取料广泛,选料考究,强调依时令选取鲜活原料。在长期的烹饪实践中,河南厨师有许多宝贵的经验,如"鲤吃一尺,鲫吃八寸","鞭杆鳝鱼、马蹄鳖,每年吃在三四月"等。严谨的选料,不仅便于菜肴的切配烹制,而且使菜肴色形兼顾。

（2）刀工精致。河南厨师有"切必整齐,片必均匀,解必过半,斩而不乱"的传统技法。豫菜名厨的刀法之妙,已达到了出神入化的境界。如,用肚头和鸡胗肝为原料制成的"爆三脆",要求切解匀整,用刀适度,这是需要有高深的刀工功底才能完成的。

（3）讲究制汤。汤,通常有头汤、白汤、毛汤、清汤之分。制汤的原料,须经"两洗两下锅,两次撇沫"。汤要达到"清则见底,浓则乳白,清香挂唇,爽而不腻"的效果。"洛阳水席"中的24道菜,菜菜带汤而汤汤不同,可谓变换有方,其趣无穷。

（4）质味适中。河南菜讲究火工,烹调细致,无论使用何种烹调方法,都要求达到"烹必适度"。河南菜的烹调方法,有50余种。扒、烧、炸、熘、爆、炒、焅各有特色。其中,扒菜更为独到,素有"扒菜不勾芡,汤汁自来黏"的美称。河南爆菜时多用武火,热锅凉油,操作迅速,质地脆嫩,汁色乳白。在调味上,"调必匀和",淡而不薄,咸而不重,使用多种作料来灭异味平畸味,使菜肴五味调和,质味适中。

河南风味名菜有"蹄莲豆腐""牡丹燕菜""糖醋软熘鲤鱼焙面"等。

知识链接

洛阳水席

洛阳水席始于唐代，至今已有1000多年的历史，是中国迄今保留下来的历史最久远的名宴之一。它有两个含义：一是全部热菜皆有汤；二是热菜吃完一道，撤后再上一道，像流水一样不断地更新。洛阳水席由24道菜组成，简称"三八席"，即八个冷盘、四个压桌菜、八个大件、四个扫尾菜。其上菜顺序是：席面上先摆四荤四素八凉菜，接着上四个大菜；每上一个大菜，带两个中菜，名曰"带子上朝"。第四个大菜上甜菜甜汤，后上主食，接着四个压桌菜，最后送上一道"送客汤"。24道连菜带汤，章法有序，毫不紊乱。洛阳水席的三大特点：一是有荤有素，有冷有热；二是有汤有水，北南方均可口；三是上菜顺序有严格规定，搭配合理、选料认真、火候恰当。

洛阳水席的头道菜是"牡丹燕菜"，原称为"假燕菜"。所谓"假燕菜"，就是以白萝卜假充燕窝而制成的菜肴。传说唐代武则天时，洛阳东关下园墓地出产了一个特大的萝卜，重达几十斤，农民视为祥瑞，进贡给宫廷。御厨将萝卜切成细丝，经过多道加工，配以山珍海味制成汤羹。武则天食后赞不绝口，赐名为"义菜"。因其形似燕窝，后改名为"燕菜"，流传至今。1973年，周恩来总理陪同加拿大总理皮埃尔·特鲁多来洛阳考察，并以洛阳水席宴请来宾。当周总理看到燕菜中有厨师精心雕刻的牡丹花时，高兴地说，"洛阳牡丹甲天下，连菜中也开出牡丹花来"。之后，洛阳燕菜就被称为"牡丹燕菜"了。

（三）陕西风味

陕西风味也称"秦菜"。陕西风味历史悠久，是中国最古老的菜系之一，其烹饪的历史可以上溯至仰韶文化时期。早在仰韶文化和龙山文化初期，渭河流域的饮食文化就比较发达；西周至春秋，是陕西风味的形成期；战国晚期，陕西烹调已趋于成型；汉、唐时期，是陕西风味发展史上的高峰。西汉京畿之地，继承了先秦烹饪文化的遗产，汲取了关中诸郡的烹饪之长；"丝绸之路"的开辟，更促进了陕西烹饪的发展。唐长安，是全国名食荟萃之地，各地珍品纷纷贡入京都，使陕西烹饪达到了一个高峰期。

陕西菜是我国西北地区的代表风味，其用料广泛，选料严格，刀功细腻，讲究火功，长于用芡；菜肴注重原色、原形、原汁、原味，风格华丽典雅。陕西菜由关中、陕南、陕北三大流派组成。它以本省原料为主，兼收各地名特原料，口味偏于复合，尤以咸鲜、酸辣、鲜香出名，善用三椒（辣椒、花椒、胡椒），滋味醇厚，适应性强。关中菜,是陕西菜的代表,它以猪、羊肉为主要原料,具有料重味浓、香肥酥烂的特点和主料突出、滋味纯正的独特风格。陕北菜,取料以羊肉为主,而以羊、猪合烹为常见,菜肴以热烫炙口、酥透入味而著称;烹调方法上蒸烩兼制,肉菜合烹,同时还具有一定的少数民族特色。汉中菜,口味多辛辣,菜肴一般具有辣鲜的特色,擅用胡椒助辛辣,使鲜香之中兼有辛辣之味。

　　陕西菜的烹调方法以蒸、烩、煨、爆、氽、炝见长。"烧蒸"菜肴的技术,强调形状完整,酥烂软嫩,汁浓味香,菜肴鲜美而富有营养。"氽""炝"技法,长于清氽和温拌,清氽汤清见底,脆嫩鲜香,清爽利口;温拌不热不凉,香味浓郁。"炒"的技法,讲究飞火炒制,原料不过油,对汁烹炒,旺火速成。调味上,重视菜肴内在的味和香,主味突出。

　　陕西菜的特色有"三突出":一是主料突出。菜肴所用原料以牛羊肉为主,山珍野味为辅。二是主味突出。每个菜肴所用的调味品虽然较多,但主味却只有一个,酸辣苦甜咸只有一种味道出头(包括复合味),其他味居于从属地位。三是香味突出。除多用香菜作配料外,还常选用干辣椒、花椒和醋等来对菜肴调香。干辣椒属于香辣,辣而不烈;醋经油烹,酸味减弱,香味增加;花椒椒香味增重。选用这些调料的目的,并非单纯为了辣、酸、麻,而是取其香。

　　陕西菜名肴有葫芦鸡、芥末肘子、奶汤锅子鱼、天麻炖鸡、奶豆腐、清蒸羊肉、炒羊羔肉、商芝肉、温拌腰丝、腊牛羊肉、炒粉鱼、挠挠凉粉、牛羊肉泡馍、辣子蒜羊血、羊血饸饹、石子馍、菜豆腐等。

 **知识链接**

羊肉泡馍

　　羊肉泡馍是陕西的风味美食,尤以西安的羊肉泡馍最负盛名。它料重味醇,肉烂汤浓,馍筋光滑,香气四溢,食后余味无穷。在西安,羊肉泡馍馆很多,其中老字号的"老孙家""同盛祥"等较有名气。

　　羊肉泡馍,古称"羊羹",宋代著名诗人苏轼有"陇馔有熊腊,秦烹唯羊羹"的诗句。泡馍是土生土长的西安吃食。相传宋太祖赵匡胤落魄时,流落长安,正值寒冬,饥渴难耐,囊中只有一饼,饼冷口干,难以下咽。街边一家卖羊肉汤的老板,见之不忍,给了他一碗热气腾腾的羊肉汤。赵匡胤将饼掰碎泡入,吃完顿觉神清气爽,豪气冲天,一扫颓废心情,踏上征程。登基以后,尝遍世间美味,心中独独放不下记忆中的羊肉汤泡饼,传令厨房仿制,近百厨师苦思冥想,才定下做法,就是现今的羊肉泡馍。据说,赵匡胤吃后龙颜大悦,其菜成为每天必点菜品。

　　羊肉泡馍的烹饪技术要求非常严格,煮肉的工艺也很讲究。烹制时,选用优质的羊肉,洗切干净后,加葱、姜、花椒、八角、茴香、桂皮等作料煮烂,汤汁备用。馍,是一种白面烤饼,烤饼的面必须用死面。吃时将馍掰碎成黄豆般大小放入碗内,然后在碗里放一定量的熟肉、原汤,配以葱末、香菜、黄花菜、黑木耳、料酒、粉丝、盐、味精等调料,单勺制作而成。羊肉泡馍的吃法也很独特,有羊肉烩汤(水盆羊肉),即顾客自吃自泡;也有干泡的,即将汤汁完全渗入馍内。

老孙家羊肉泡馍

（四）山西风味

　　山西位于黄土高原东部,因在太行山的西侧,春秋时为晋国之地,简称晋。

　　山西风味又称山西菜,由晋中、晋北、晋南和上党四个支系的菜肴组成,以太原菜为主要代表。太原菜即晋中菜,亦称阳曲菜,一般分为"庄菜"和"行菜"两帮。"庄菜"乃旧时大商号、票号、金店等食用的堂菜,这类店号专聘优秀厨师伺候东家和接待往来客商,有的大庄按年编排食谱,一年内不吃重样饭菜。庄菜品种繁多,加工精致,虽近似官府菜,但又带有浓厚的家乡风味。"行菜",就是市肆饮食行业经营的饭菜,技法全面,用料广泛,讲究色泽和造型。太原菜代表名菜有"头脑""过油肉""糖醋佛手卷""山西烧鸭"等。晋南菜以临汾、运城为代表,口味偏重于辣、甜,烹制技法多用熘、炒、汆、烩,代表名菜有"拔丝葫芦""油纳肝""糖醋鸡卷""醋熘肉片"等。晋北菜以大同、忻州菜肴为主,烹调擅长烧、烤、炖、涮,口味偏重油厚香咸,代表名菜有"焖柏籽羊肉""锅烧羊肉""烤白菜卷""鹌鹑茄子"等。上党菜以上党盆地(中心长治)和晋城菜为主,此地生活习俗与豫北地区相仿,菜肴烹制擅长熏、卤、焖、烧。

　　山西风味具有油大色重、选料严格、烹调考究、调味灵活多变的特点,其刀工不尚华丽而精细扎实,口味咸鲜偏酸,注重火功,技法全面,擅长爆、炒、熘、炸、烧、扒、蒸等技法。民间则以"十八碗"为代表,盛行经济实惠的蒸菜。总的风味特点是味重香咸、喜食酸醋、油厚色重、软嫩酥烂。

山西风味的基本味型,以咸香为主,甜酸为辅,其中糖醋菜别有风味。因用山西老陈醋烹制,此醋清香柔和,无杂味,绵酸而不涩,用以烹菜,味鲜醇正。山西名菜有糖醋鱼、过油肉、锅烧全鸭、熘鸡脯、梨儿大炒、白起豆腐等。山西还特别擅长制作面食,品种繁多,风味独特,闻名中外,如刀削面、拨鱼子、羊肉烧卖等。

 **知识链接**

山西老陈醋

山西老陈醋是山西省的传统名产,属于中国四大名醋之一,至今已有3000余年的历史,素有"天下第一醋"的盛誉。山西老陈醋以清徐县所产为最佳,曾在1924年的巴拿马国际博览会上一举夺得优质商品一等奖,自此扬名海内外。

山西老陈醋以色、香、醇、浓、酸五大特征著称于世,其色泽呈酱红色,食之绵、酸、香、甜、鲜。山西老陈醋是以高粱、麸皮、谷糠和水为主要原料,以大麦、豌豆所制大曲为糖化发酵剂,经酒精发酵后,再经固态醋酸发酵、熏醅、陈酿等工序酿制而成的。

在日常生活中,巧妙地使用醋作为调味料烹调食物,对健康是有补益的。醋除了含有大量的醋酸外,还含有钙、铁、葡萄酸、乳酸、甘油、脂肪酸和盐类,可以溶解食物中的钙和铁,使人体更容易吸收,还能保护食物中的营养物质不被破坏。醋可以促进人体的新陈代谢,帮助机体休息,消除疲劳,预防动脉硬化和高血压。

山西老陈醋酿制料

二、江淮流域的七大风味

（一）四川风味

四川省古有"天府之国"之称，其江河纵横，沃野千里，高山峻岭，物产丰富，为饮食业的发展提供了充足的物质条件。四川烹饪历史悠久，它发源于古代的巴国和蜀国，具有典型的内陆特色。秦汉以来，烹饪原料的日渐丰富和饮食业的发展，使川菜有了初步的轮廓。至隋唐五代，川菜有较大的发展。两宋时期，川菜跨越巴蜀疆界，进入京都，为世人所知。明末清初，川菜运用辣椒调味，继承和发展了巴蜀时就形成的"尚滋味""好辛香"的调味传统。明清以后，四川风味进入了成熟期，逐步形成取材广泛、调味多样、菜肴适应性强的特点，对长江中上游和滇、黔等地有相当的影响。近年来，川菜踪迹已遍及全国以至海外，有"味在四川"之美誉。

四川风味是经过广大劳动人民和历代名厨长期实践、积累、总结、发展而来的，其特色如下：

（1）用料广泛，原料奇美。巴蜀之地，六畜兴旺，瓜蔬繁多，水产丰富，野味山珍遍布，调味料优异。如江团、岩鲤、雅鱼、冬菇、贝母鸡、银耳、虫草、冬笋、韭菜、郫县豆瓣、自贡川盐、保宁醋等，烹饪原料极为繁多。

（2）调味多样。川菜味型丰富，无与伦比，其复合味型就有23种之多，且各有变化。当今常用的味型有咸鲜、咸甜、鱼香、豆瓣、家常、红油、麻辣、椒麻、椒盐、怪味、姜汁、蒜泥、煳辣、酸辣、糖醋、香糟、芥末、荔枝、麻酱、葱油等，尤以善用麻辣著称，能做到麻辣适口，辣而不燥。辣椒被川菜厨师运用得淋漓尽致，不仅在用法上有青椒、红椒、鲜椒、干椒、泡辣椒、煳辣椒、辣豆瓣、辣酱、辣椒面、辣椒油等之分，还与花椒、姜、葱、蒜、醋、糖等巧妙配合，调和成千变万化的复合美味，形成丰富的特殊味型，而且根据不同原料，因材施艺、因人制宜，精烹成菜，使川菜形成了"清鲜醇浓，麻辣辛香，百菜百味，一菜一格"的独特风格。

（3）烹调方法多样。川菜在烹调方法上，讲究刀工和火候。四川风味有炒、煎、烧、炸、盐、卤、熏、泡、蒸、熘、炖、焖、爆、煸等30多种基本烹调方法，其中以小煎小炒、干烧干煸最具特色。炒菜不过油，不换锅，芡汁现炒现兑，急火短炒，一锅成菜，如"鱼香肉丝""宫保鸡丁""生爆盐煎肉"等；成菜质地细嫩，味极鲜美。干烧菜肴，微火慢烧，用汤恰当，自然收汁，如"干烧鱼翅""干烧岩鲤"等；成菜汁浓油亮，味醇而鲜。

四川风味由筵席菜、大众便餐菜、家常菜、三蒸九扣菜，以及风味小吃组成了一个完整的风味体系。筵席菜，选料严谨，制作精细，组合适时，调和清鲜，品种丰富，味型变化多样，"竹荪肝膏汤""虫草鸭子""清蒸江团""开水白菜""家常海参""推纱望月"等，是其代表菜。三蒸九扣菜（又称田席），就地取材，菜重肥美，朴素实惠,其代表菜有"粉蒸肉""咸烧白""清蒸杂烩""甜烧白"等。大众便餐和家常菜,则以烹制快速,经济方便,口味多样,突出地方特色为共同特点。大众便餐的名品有鱼香肉片、水煮肉片、宫保鸡丁、麻婆豆腐、毛肚火锅等;家常菜的代表名品有回锅肉、连锅汤、蒜泥白肉、河水豆花等。风味小吃的特点是品种丰富,风格突出,代表菜有夫妻肺片、灯影牛肉、棒棒鸡、龙抄手、担担面、钟水饺等。

 知识链接

麻婆豆腐

麻婆豆腐是四川传统名菜之一,此菜大约在清同治初年(1866年前后),由成都市北郊万福桥一家名为"陈兴盛饭铺"的小饭店老板娘陈刘氏所创。因陈刘氏脸上有麻点,人称陈麻婆,她发明的烧豆腐就被称为"陈麻婆豆腐"。清末诗人冯家吉《锦城竹枝词》云:"麻婆陈氏尚传名,豆腐烘来味最精,万福桥边帘影动,合沽春酒醉先生。"麻婆豆腐由于名声卓著,已流传全国,乃至日本、新加坡等国家。《锦城竹枝词》《芙蓉话旧录》等书对陈麻婆创制麻婆豆腐的历史均有记述。

烹饪方法:烧。

口味:麻辣味。

主料:豆腐300克。

辅料:牛肉(肥瘦)75克,青蒜苗段15克。

调料:豆豉5克,郫县豆瓣10克,花椒粉2克,辣椒粉5克,酱油10克,盐3克,味精1克,淀粉(豌豆)15克,花生油15克,葱粒10克,大蒜粒10克,肉汤120克。

麻婆豆腐

制作方法:

(1)豆腐切成2厘米见方的丁,放入沸水中加盐2克浸泡片刻后沥干水。牛肉剁成末,郫县豆瓣剁细。

(2)锅置中火上,放入油烧热;放入牛肉末煸炒至酥香,再下豆瓣酱炒出香味;下葱末、大蒜末炒至色红时,再加入肉汤烧沸;加入豆腐丁、酱油烧至冒大泡时,加入味精推转;用水淀粉勾芡,使豆腐收汁上芡亮油;下蒜苗断生后起锅装盘,撒上花椒粉即可。

(二)江苏风味

江苏东滨大海,西拥洪泽,南临太湖,长江横贯于中部,运河纵流于南北,境内有蛛网般的港汊,串珠似的湖泊,加以寒暖适宜,土壤肥沃,素有"鱼米之乡"之称。"春有刀鲚夏有鳜,秋有肥鸭冬有蔬",一年四季,水产禽蔬应有尽有,这些丰富的物产为江苏风味的形成提供了优越的物质条件。

江苏菜品精美,烹饪文化历史悠久。《楚辞·天问》就载有彭铿作雉羹事帝尧的传说。夏、商、周时期,为江苏菜的早期阶段,淮鱼和韭菁是当时的美食。春秋战国时代,江苏已有全鱼炙、露鸡、吴羹和讲究刀工的鱼脍等。两汉、三国和南北朝时期,为江苏风味的初步发展时期,荤素菜肴、面食、素食与腌菹食品,均达到了一定的水平。隋唐、两宋,是江苏风味发展的一个高峰时期,不少海味、糟醉菜成为贡品,"扬州缕子脍"、苏州的"玲珑牡丹鲊"等,都反映了当时江苏的烹饪工艺技术水平。元、明、清时期,江苏菜与各方有了更广泛的交流,造就了现今江苏风味四方皆宜的特色。

江苏风味的特色如下:

(1)选料不拘一格,原料物尽其用。因料加工施艺,原料无论贵贱,江苏厨师都能巧妙利用,烹制出名肴。如名士所咏的珍馔"鲃肺汤"是以去皮斑鱼肉、肝等为原料烹制的。

(2)刀工精细,刀法多变。江苏风味的刀工精湛超群,有"刀在扬州"之美誉。

(3)重视火候,讲究火功。炖、焖、煨、焐等技法都显示了江苏风味火功的精妙,著名的"镇扬三头"——"扒烧整猪头""清炖蟹粉狮子头""拆烩鲢鱼头",堪称众多菜品的代表作。

(4)口味清淡适口,醇和宜人。江苏菜的调味常用淮北海盐,间用五香、椒盐和糖醋,配以葱、姜、笋、蕈(xùn)、糟油、酱醋、红曲、虾子、鸡汤肉汁等,以出味提鲜,使菜肴展示出江苏的风味特色。江苏风味注重用糖,但各地域风味不同,扬州菜淡雅,苏州菜口味略甜,无锡菜则更趋于甜。

江苏风味,由淮扬、金陵、苏锡、徐海四大风味组成,其影响遍及长江中下游广大地区,它们同中有异,各有千秋。

淮扬风味,以扬州、两淮为中心,以大运河为主干,南起镇江,北至洪泽湖,东含里下河并及于沿海。肴馔以清淡见长,味和南北。"将军过桥""三套鸭""大煮干丝""生炒蝴蝶片""水晶肴蹄""清蒸鲥鱼"均各具特色,而扬州瓜雕更是玲珑剔透。

金陵风味,以南京为中心,菜肴滋味平和,醇正适口,各式鸭肴久负盛名,"盐水鸭""黄焖鸭""香酥鸭"是其代表菜。

苏锡风味,以苏州、无锡为中心,口味重甜出头、咸收口,浓油赤酱,名菜有"松鼠鳜鱼""碧螺虾仁""梁溪脆鳝""镜箱豆腐""鸡茸蛋""天下第一菜"(又称"平地一声雷")等。

徐海风味,指自徐州沿东陇海线至连云港一带的风味,菜肴以鲜咸为主,五味兼蓄,风格淳朴,注重实惠,别具一格,如"霸王别姬""沛公狗肉""羊方藏鱼""凤尾对虾"等。

 知识链接

大煮干丝

大煮干丝又称"鸡汁煮干丝",江苏传统名菜。大煮干丝是一道既清爽又有营养的佳肴,是淮扬菜系中的看家菜。大煮干丝的原料主要为淮扬方干。刀工要求极为精细,一块白干,厨师可片成18片,切出的干丝不仅整齐、均匀,而且其粗细不能超过火柴杆。烹调后多种作料的鲜香味复合到豆腐干丝里,吃起来爽口开胃,异常鲜美。

原料:淮扬方干100克,熟鸡脯丝50克,虾仁20克,金华火腿15克,冬笋25克,豌豆苗10克,虾子5克,熟猪油25克,盐10克,上汤300克。

制作方法:

(1)将方干先批成薄片,再切成细丝,放入沸水钵中浸烫,沥去水,再用沸水浸烫两次,捞出沥水。

(2)锅置火上,舀入熟猪油,放入虾仁炒至乳白色时,倒入碗中。

(3)锅中舀入鸡清汤,放干丝入锅中;再将鸡丝、肫、肝、笋放入锅内一边,加虾子、熟猪油,置旺火烧15分钟;待汤浓厚时,加盐。加盖再煮5分钟后离火;将干丝装入盘中,肫、肝、笋、豌豆苗分放在干丝四周,上放火腿丝,撒上虾仁即成。

大煮干丝

（三）湖北风味

湖北位于长江中游,其境内河网交织,湖泊密布,是全国淡水湖最集中的省份之一,为著名的鱼米之乡。湖北是楚文化的发祥地,光辉灿烂的文化孕育了湖北风味。湖北风味起源于春秋战国时期——屈原的《楚辞》"招魂""大招"两篇中就记载了 20 多个楚地名食——后经汉魏唐宋渐进发展,成熟于明清时期。

湖北菜历史悠久,原料丰富,以烹制淡水鱼鲜技艺见长,以"味"为本,讲究鲜、嫩、柔、滑、爽,富有浓厚的江南水乡特色。湖北风味以江汉平原为中心,由武汉、荆沙、鄂东南、襄郧四大风味流派组成。其制作的特点是工艺精致,汁浓芡亮,口鲜味醇。烹调方法以蒸、煨、炸、烧、炒为主,注重本色。武汉菜,选料严格,制作精细,注重刀工、火候,讲究配色和造型,淡水鱼鲜与煨汤技艺独具一格;荆沙菜,以淡水鱼鲜名馔著称;鄂东南菜,用油宽,火功足,擅长大烧、油焖,口味偏重;襄郧菜,以猪、牛、羊为主要原料,入味透彻,汤汁少。湖北风味有"三无不成席"的说法:无汤不成席、无鱼不成席、无丸不成席。湖北风味的代表菜有"清蒸武昌鱼""全家福""沔阳三蒸""黄州东坡肉""瓦罐鸡汤""梅花牛掌""武当猴头""太和鸡""鸡茸架鱼肚"等。

知识链接

清蒸武昌鱼

清蒸武昌鱼是湖北传统名菜,选用鲜活的樊口团头鲂为主料,配以冬菇、冬笋,并用鸡清汤调味制成。清蒸武昌鱼清香味鲜,成菜鱼形完整、色白明亮、晶莹似玉,鱼身缀以红、白、黑配料,显得素朴而雅致。

　　主料:武昌鱼1000克。

　　辅料:香菇(水发)50克,冬笋50克,火腿50克。

　　调料:盐20克,味精5克,小葱8克,姜8克,胡椒粉1克,鸡油25克,黄酒10克,猪油(炼制)70克。

　　制作方法:

　　(1)将武昌鱼洗净,在鱼身两面剞上兰草花刀。

　　(2)炒锅置旺火上,下清水烧沸;将打有花刀的武昌鱼下沸水锅中烫一下,立即捞出入清水盆内;刮净鱼鳞,洗净沥干水分后,用精盐、绍酒、味精抹在鱼身上腌制入味。

　　(3)将香菇、冬笋、熟火腿分别切成柏叶片,放入汤锅内稍烫捞出,间接摆放在鱼身上,成白、褐、红相间的花边,葱结、姜片也放在鱼身上,淋上鸡汤、熟猪油。

　　(4)将加工好的整鱼连盘入笼以旺火蒸至鱼眼突出、肉质松软时取出;拣出姜片、葱结,淋上熟猪油,撒上白胡椒粉连同调好的酱油、香醋、姜丝的小味碟上席即可。

清蒸武昌鱼

(四)上海风味

　　上海是我国南北海运的要冲,长江流域各省与世界各地交往的门户,是我国最大的工商业城市。上海地处温带,气候温和湿润,一年四季分明,常绿蔬菜不断,鱼、虾、蟹等河塘海鲜资源丰富。特殊的经济地位和良好的气候条件,为上海菜的形成和发展提供了优越的物质条件。又自1843年开埠以来,上海工商业迅速发展,四方商贾云集上海,饭店酒楼应运而生。到了20世纪三四十年代,各地方菜如京、广、苏、扬、锡、甬、杭、闽、川、徽、潮、湘以及上海本地菜等16个帮别的菜馆林立,同时还有素菜、清真菜,各式西菜、西点等。这些菜在上海各显神通,激烈竞争,又相互取长补短,融会贯通,这为博采众长、发展有独特风味的上海菜创造了有利条件。

早先上海菜以本地风味为主,特点是酱油和冰糖放得多,油多、味浓、糖重、色艳,原料选用鲜活,常用的烹调方法有红烧、煸炒、煨、糟等,尤善烹四季河鲜,具有浓郁的乡土气息。随着上海城市的发展,各地饮食和西菜西点不断进入上海,在保持原有风味的基础上,上海厨师充分吸取各邦风味之长,取长补短,从而形成"海派菜"。其特点如下:

(1)清新秀美,即具有清新的形态、悦目的色彩和鲜明的质感。

(2)温文尔雅,即其色彩和形态雅而不俗,口味趋于温和又各有千秋。

(3)风味多样。上海菜由多种风味构成,这些风味既保持各自"娘家"的传统特点,又吸收众家之长并进行变革创新,形成了自己特有的风格。

(4)富有时代气息。随着信息交流的广泛和现代科学技术的日益发展,上海菜在选料、调味、烹制、上菜方式等各方面都进行了变革,以跟上时代前进的步伐。

上海菜的主要名菜有"青鱼下巴甩水""青鱼秃肺""红烧圈子""生煸草头""白斩鸡""鸡骨酱""糟钵头""虾子大乌参""松江鲈鱼""红烧秃肺"和"红烧鲥鱼"等。

知识链接

鸡骨酱

鸡骨酱是一道色香味俱全的上海名菜,以蚕豆、童子鸡为菜肴的主要材料,烹饪以酱菜为主红烧而成。

主料:童子鸡750克。

辅料:淀粉(蚕豆)3克,冬笋50克。

调料:盐3克,小葱5克,味精2克,黄酒10克,酱油20克,猪油(炼制)40克,白砂糖30克。

制作方法:

(1)将嫩光鸡剖肚去内脏,洗净,斩去头脚,斩成4.9厘米长、4厘米宽的鸡块;生笋切成滚料块。

(2)炒锅放旺火上烧热,经滑油后,加入25克油烧到七成热时,放入鸡块煸炒到鸡肉外皮紧缩变色;再下入绍酒、酱油、白糖稍烧一会儿,使鸡肉上色后,加入肉清汤烧开;加盖,用小火烧10分钟左右。

(3)再放入笋块一直烧到鸡酥、笋熟后,下味精、精盐用旺火收汁;湿淀粉勾芡,加入油25克,颠翻几下,撒上葱段即可。

（五）安徽风味

安徽风味又称"徽菜"，起源于黄山之麓的徽州一带，以烹制山珍野味、河鲜与讲究食补见长。徽菜的起源，与徽商的发展密不可分。徽商"新安大贾"，足迹几遍天下。徽商的发展，使得安徽的饮食业非常活跃；而徽菜的形成和发展，又与其地理环境、经济物产、风尚习俗密切相关。安徽地处东南、华东腹地，全省气候温和，雨量适中，物产丰富，不同的自然条件和迥异的民风民俗，形成了徽菜多彩多姿的地方特色。安徽风味由皖南、沿江、沿淮三系构成。皖南，以徽州地方菜肴为代表，擅长烧、炖，讲究火功，保持原料的原汁原味；沿江风味，指的是芜湖、安庆和巢湖地区的风味，以烹制河鲜、家禽见长，菜肴具有酥嫩、鲜醇、清爽、浓香的特点；沿淮风味，主要指的是蚌埠、宿县、阜阳等地的风味，特色是质朴、酥脆、咸鲜爽口，擅长烧、炸、熘等技法。

总体来说，安徽风味的主要特点如下：

（1）就地取材，选料严谨，以烹制山珍野味著称。

（2）巧妙用火，功夫独到。徽菜向以讲究火功、巧控火候而著称。徽厨们精心研究和创造了许多巧控火候的技艺，如"熏中水淋""火烤涂料""中途焖火"等。

（3）擅长烧、炖、蒸，而爆、炒菜少，重油、重色、重火功，口味浓淡适宜。

（4）讲究食补，以食养身。

安徽风味名菜有"红烧头尾""清炖马蹄鳖""腌鲜鳜鱼""黄山炖鸽""毛峰熏鲥鱼""无为熏鸭""清香砂焐鸡""符离集烧鸡""葡萄鱼""奶汁肥王鱼"。

知识链接

臭鳜鱼

臭鳜鱼俗名臭级鱼，流行于徽州地区（今黄山市一带），是一道皖南地区的传统名肴。其制法独特，食而有异香，别具一番风味。臭鳜鱼制作的主要原料是鳜鱼，烹制工艺是腌，制作非常简单。相传在200多年前，沿江一带鱼贩将鳜鱼以木桶装运至徽州山区，途中为防止鲜鱼变质，采取一层鱼撒一层淡盐水的办法，经常上下翻动，如此七八天抵达徽州各地。这时候的鱼，鱼鳃仍是红色，鳞不脱，质未变，只是表皮散发出一种似臭非臭的特殊气味，但是洗净后经热油稍煎，细火烹调，非但无异味，反而鲜香无比，从而成为一道脍炙人口的佳肴。

主料：鲜鳜鱼、肉片、笋片。

配料：酱油、绍酒、白糖、姜末、鸡清汤、青蒜段、湿淀粉调、熟猪油。

制作方法：

(1)将新鲜鳜鱼腌渍在室温25℃左右的环境中,经六七天后,鱼体便发出似臭非臭的气味。

(2)然后洗净并在两面各剞几条斜刀花,待晾干后放入油锅略煎,至两面呈淡黄色时,倒入漏勺沥油。

(3)在原锅中留下少许油,下肉片、笋片略煸后,将鱼放入,加酱油、绍酒、白糖、姜末和鸡清汤,用旺火烧开,再转用小火烧40分钟左右。

(4)至汤汁快干时,撒入青蒜段,用湿淀粉调稀勾薄芡,淋上熟猪油起锅即成。

臭鳜鱼

(六)湖南风味

湖南位于中南地区,气候温和,南有衡山、九嶷山,北有洞庭湖,物产特别丰饶,得天独厚的自然条件有利于农、牧、副、渔的发展。

湖南风味又称"湘菜"。湘菜历史悠久,在诗人屈原的名篇《招魂》里就述说了当地多种美味。到汉代,湖南的烹饪有了长足的进步,长沙马王堆西汉古墓出土的一批竹简菜单中,就记录了103种名贵菜品和九大类烹调方法。至明清,湖南商旅云集,市场繁荣,烹调技艺得到了迅猛的发展,其烹饪的独特风格也初步形成。民国时期,出现了多种烹饪流派,如戴(明扬)派、盛(善斋)派、肖(麓松)派和"组庵"派等,这些流派相互促进,取长补短,有力地推动了湖南烹饪的发展。

湖南风味以湘中、湘南地区,洞庭湖地区和湘西山区三种风味为代表。湘中、湘南地区风味,是以长沙、湘潭、衡州为中心,其特点是用料广泛,制作精细,品种繁多,口味注重鲜香酥软,擅长煨、炖、腊、蒸、炒等技法,油重色浓,讲求实惠,尤以煨菜和腊菜著称;洞庭湖区的菜肴,以烹制湖鲜、水禽见长,多用煮、烧、蒸的制法,菜品量大油厚,咸辣香软,以炖菜、烧菜出名;湘西菜,擅长烹制山珍野味和各种腌制品,口味侧重于咸香酸辣,有浓厚的山乡风味。这三种风味各具特色,相互依存,彼此交流,构成了湘菜这一风味体系。其共同特点如下:

(1)刀工精妙,形味兼美。刀法有 16 种之多,菜肴千姿百态,变化无穷,如"发丝百叶"细如银发,"梳子百叶"形似梳齿,"熘牛里脊"片同薄纸。

(2)长于调味,酸辣著称。特别讲究原料的入味,调味工艺随原料质地而异,注重主味的突出,以辣为主,酸寓其中。

(3)技法多样,尤重煨。煨在色泽上有"红""白"之分;在调味上则分"清汤煨""浓汤煨""奶汤煨"等。讲究小火慢煨,原汁原味。其他烹调方法如炒、炸、蒸、腊等也为湖南菜所常用。

湘菜名菜有"腊味合蒸""麻辣仔鸡""清炖牛肉""酱汁肘子""冰糖湘莲""荷叶软蒸鱼""蒸钵炉子""红烧寒菌""湘西酸肉"等。

 **知识链接**

湘西酸肉

湘西酸肉是湘西苗族和土家族传统风味佳肴,味辣微酸,以湘西自治州所做最佳,故此得名。此菜色黄香辣,浓汁厚芡,略有酸味,肥而不腻,别有风味。酸肉是湘西土家和苗家独具风味的传统佳肴。每当贵客临门,土家、苗家人便从坛中取出腌制好的酸肉,下入油锅爆炒,黏附在酸肉上的玉米粉经油炸转成金黄色,散发出阵阵芳香,闻之生津。

酸肉的做法是:将带皮的猪肥肉刮洗干净,切成 100 克重的长方块,选用精盐、花椒粉腌 5 小时,再加玉米粉拌匀;装在坛内,封严坛口,腌 15 天即成。湘西酸肉就是将这种腌好的酸肉切成长方片,加红椒末、青蒜段煸炒,再加炒玉米粉、清汤焖熟。

(七)江西风味

江西风味又称"赣菜",它讲究味浓、油重、主料突出,注意保持原汁原味,口味偏重鲜、香,兼有辣味,具有浓厚的地方色彩。

秦汉时期,江西鱼米之乡的特色已十分明显。东汉以后,南昌地区"嘉蔬精稻,擅味于八方",其菜肴在自身特点的基础上,又吸取八方精华,从而形成了独特风味的赣菜。江西菜主要由赣州、鄱阳湖、南昌、九江、景德镇以及井冈山山区等地方流派构成。九江有浔阳鱼席,菜品色重油浓,口感肥厚,喜好辣椒;南昌菜肴讲究配色、造型;井冈山地区则讲究火功,菜肴丰满朴实、注重原味,尤以当地土产制馔最具口碑。

江西风味的烹饪技法多样,最能表现其特色的是烧、焖、炖、蒸、炒等技法;菜式具有较广泛的适应性,既有各种筵席菜,也有适应家庭便宴和民众聚餐的菜肴。

赣菜名菜有"海参眉毛肉丸""三杯鸡""红酥肉""南丰鱼丝""清炖武山鸡""藜蒿炒腊肉""清蒸荷包鲤鱼""粉蒸鱼""白烧鳙鱼头""红松鱼""四星望月""小炒鱼""鳅鱼钻豆腐""冬笋干烧肉""浔阳鱼片""炸石鸡""兴车豆腐"等。

三、珠江流域的两广风味

(一)广东风味

广东风味又称"粤菜",它以特有的菜式和韵味,独树一帜,在国内外享有盛誉。广东地处五岭之南,濒临南海,日照时间长,雨量充沛,可食资源丰富。广东风味的形成和发展受广东的地理、政治、经济和历史等诸因素的影响而自成一格。广东风味对珠江流域其他风味菜肴的形成有一定的影响力。

秦以前,境内百越善渔猎农耕,喜杂食;秦以后,汉越融合,饮食渐趋文明,已具岭南特色;汉、魏之时,广州成为中西海路的交通枢纽,蛇肴、烧鹅、鲑和鱼生已享誉南国。南宋末,帝昺(bǐng)南逃,不少宫廷名馔流传至广东民间,粤菜的技艺和特点日趋成熟。宋、元之后,广州成为内外贸易集中的口岸和港口城市,商业日益兴旺,带动了饮食服务业的发展。明清两代,是粤式饮食真正的成熟和发展时期。这时的广州已经成为一座商业大城市,闹市通衢遍布茶楼、酒店、餐馆和小食店,各个食肆争奇斗艳,食品之丰,款式之多,世人称绝。粤菜广采京都、姑苏、扬州风味乃至西餐之长,形成自己独有的风格,渐渐有"食在广州"之说。

广东风味的特点如下:

(1)用料广博。广东风味取百家之长,用料广博,选料珍奇,配料精巧,善于在模仿中创新,依食客喜好而烹制。菜肴用料达数千种,举凡各地菜所用的家养禽畜、水泽鱼虾,无不用之;而各地所不用的蛇、鼠、猫、狗、山间野味,也被视为上肴。

(2)口味重清淡。讲究清中求鲜,淡中求美,注重菜质,讲究清、鲜、嫩、爽、滑、香。随季节时令而变化,一般是夏秋力求清淡,冬春偏重浓郁。菜肴的质味重视配套,讲究清而不淡,鲜而不俗,嫩而不生,油而不腻,要求有香、酥、脆、肥、浓之分,具"五滋"(香、松、软、肥、浓)"六味"(酸、甜、苦、辣、咸、鲜)之妙。

(3)烹调方法多样。广泛吸取中外烹饪技术之精华,融会贯通。各地方风味常用的炒、炸、蒸、煎、烩、炖等技法,广东风味均有采用;而焗、软炒、软炸等各地较少采用的烹调技法,广东则有其独到的造诣。广东风味中的泡、扒、余是从北菜的爆、扒、氽移植过来的;而焗、煎、炸中的新法,则借鉴了西式烹调方法。

广东风味由广州、潮州、东江三地风味组成。

广州风味包括珠江三角洲和肇庆、韶关、湛江等地的名食在内。其特点是地域最广,选料精细,配料奇异,技艺精良,善于变化;口味讲究清鲜嫩脆滑爽,注重菜肴的质和味,口味比较清淡,力求清中求鲜、淡中求美,而且随季节时令的变化而变化,夏秋力求清淡,冬春偏重浓郁;擅长小炒,要求掌握火候和油温恰到好处。代表菜有"挂炉烤鸭""红烧大裙翅""龙虎斗""白灼虾""烤乳猪""黄埔炒蛋""香芋扣肉""炖禾虫""狗肉煲"及各种蛇肴。

潮州菜肴兼有闽粤特色,自成一派。潮州菜以烹调海鲜见长,选料严格,刀工技术讲究,口味偏重香、浓、鲜、甜。喜用鱼露、沙茶酱、梅羔酱、姜酒等调味品,甜菜较多,都是粗料细作,香甜可口。潮州菜的另一特点是喜摆十二款,上菜次序又喜头、尾甜菜,下半席上咸点心。代表菜有"红炖鱼翅""烧雁鹅""马蹄泥""豆酱鸡""护国菜""什锦乌石参""葱姜炒蟹""干炸虾枣"等。

东江风味又称"客家菜"。客家人原是中原人,在汉末和北宋后期因避战乱南迁,聚居在粤东一带,语言、风俗尚保留中原固有的风貌。客家菜用料以肉类为主,极少水产,主料突出,讲究香浓,下油重,味偏咸,注重酥香浓厚,以砂锅菜见长,乡土气息浓郁。客家菜以惠州菜为代表,下油重,口味偏咸,酱料简单,但主料突出。其代表菜有"东江盐焗鸡""玫瑰酒双焗鸽""东江豆腐""扁水酥""酿豆腐""爽口牛丸""三杯鸭"等。

粤菜中较为著名的名店名品有:广州酒家的"广州文昌鸡",贵联升的"满汉全席""香糟鲈鱼球",聚丰粤菜园的"醉虾""醉蟹",南阳堂的"什锦冷盘""一品锅",品容升的"芝麻球",玉波楼的"半斋炸锅巴",福来居的"酥鲫鱼",万栈堂的"挂炉鸭",文园的"江南百花鸡",南园的"红烧鲍片",西园的"鼎湖上素",大三元的"红烧大裙翅",蛇王满的"龙虎烩",六国的"太爷鸡",愉园的"玻璃虾仁",华园的"桂花翅",北国的"玉树鸡",旺记的"烧乳猪",新远来的"鱼云羹",金陵的"片皮鸭",冠珍的"清汤鱼肚",陶陶居的"炒蟹",菜根香的"素食",陆羽居的"化皮乳猪""白云猪手",太平馆的"西汁乳鸽"等。

 **知识链接**

广东早茶

广东早茶实际是变相的吃饭。在广东,各酒楼、酒店、茶楼均设有早、午、晚茶,饮茶与谈生意、听消息、会朋友是连在一起的。广东人饮早茶,有的是当作早餐的,一般都是全家老小围坐一桌,共享天伦之乐。有的喝完早茶即去上班,有的则以此消闲。消闲族大多为街坊退休老人,他们一般来得最早,离去最迟,从早上茶馆开门可以一直坐到早茶"收档"。"请早茶"也是广东人一种通常的社交方式。

广东人喜欢饮茶,尤其喜欢去茶馆饮早茶。早在清代同治、光绪年间,就有"二厘馆"卖早茶。广东的茶馆有早茶、午茶和夜茶三市,以饮早茶的最多。茶楼的早市清晨四点左右开门。茶客坐定,服务员前来请茶客点茶和糕点。廉价的谓"一盅二件",一盅指茶,二件指点心。配茶的点心除广东人爱吃的干蒸马蹄糕、糯米鸡等外,近几年还增加了西式糕点。早茶有名的食品有"叉烧包""肠粉""薄皮虾饺""干蒸烧卖""蒸排骨""鲜虾蔬菜饺""奶黄包""玛拉糕""姜撞奶""萝卜糕""马蹄糕""绿豆糕""红豆糕""黑芝麻糕"等;饮品有各类茶饮、豆浆、双皮奶、咖啡、奶茶等。广州著名的茶楼有很多,如"陶陶居""成珠楼""莲香楼""惠如楼""祥珍楼""太如楼"等,均为广州百年老字号茶楼。曾被称为"二厘馆"的茶寮、茶座、茶室,则更早遍布于羊城的大街小巷。其中"陶陶居"已有近百年的历史。

(二)广西风味

广西是中国5个少数民族自治区之一,地处中、南亚热带季风气候区,气候温暖,物产丰富。广西风味主要由桂北菜、桂东南菜、滨海菜和民族菜四个流派组成。广西菜源于宋、元时期,当时全国经济重心自北南移,大量中原人进入广西,带来了包括烹饪技艺在内的先进文化技术,促进了广西菜的初步形成。进入明、清时期,广西经济有了显著的发展,百商云集,华洋贸易频繁,饮食市场日益繁荣,推动了烹饪技艺的发展。广西菜兼收并蓄了粤、川、湘、浙、赣、闽等地方菜肴的特点,尤其以对山珍野味的烹调方法闻名——在烹制的过程中保持山珍的原味,特点是味道鲜香、微辣酸甜,非常开胃。

广西风味的主要特色如下:

(1)善于变化,翻新花样。例如,通过各种烹调技巧,可以将鸡制成油鸡、烧鸡、醉鸡、白切鸡、泡皮鸡、麻香鸡、葱油鸡、纸包鸡等近百个鸡菜。

(2)注重香味。在制作中强调:一是配味。使用多种多样的香料、调料、助料。二是腌制。按原料的不同性质,采取适当的腌制方法。三是制芡。根据菜肴的需要,分别配以稀稠、浓淡、深浅不同的芡汁。

(3)注重配菜。强调掌握好原材料的性能,时令菜式的特点,分档取料的技术,并注意在数量、口味、质感、形状、色调上的配合,使菜肴做到形量协调,色泽鲜明,引人入胜。

(4)粗物细作。广西菜有使用山珍海味等较高档原材料制成的各种菜肴;但更多的是使用普通原材料,经精工配制成为大众化的菜式,花费少而营养丰富。

如,将嫩滑的水豆腐经油炸后,再烩以香菇丝、猪肉丝制成红烧豆腐;壮族菜中的百花酿肉皮,用经泡发的猪肉皮酿上鱼胶或肉茸经氽、扣成菜。

广西名菜有"双冬烧竹鼠""蛤蚧炖全鸡""梧州纸包鸡""清蒸豆腐圆""巧酿南瓜""阳朔田螺酿""全州黄焖禾花鱼""荔浦芋扣肉""南宁烧鸭""合浦珍珠螺肉汤""梧州煎嘉鱼""环江腊香猪""魔芋豆腐""侗家酸鱼""壮家五色糯米饭"等。

四、其他地方风味

(一) 北京风味

北京菜又称"京帮菜",它是以北方菜为基础,兼收各地风味后形成的。北京曾为金、元、明、清的都城,是全国政治、文化的中心。北京以其优越的条件,荟萃天下人文,辐辏全国名物,各地饮食风味和烹饪高手也咸集京都。经历了七八百年的演变,北京风味融合了汉、满、蒙古、回等民族的烹饪技艺,继承了明清宫廷菜肴的精华,形成了自己独特的风味特色。北京风味,是一个以山东菜、本地传统菜为基础,以宫廷、官府和清真菜为辅助,包含各种风味小吃的菜肴体系。

北京风味的特色如下:

(1)用料广泛,尤以使用羊肉为多。如清乾隆年间的"全羊席",可用羊的各种部位烹制出100多种美味佳肴。

(2)菜肴种类繁多,烹调方法多样,尤为擅长炸、熘、爆、炒等方法。

(3)口味以淡咸为主,兼有清、香、鲜、脆、嫩的特色。

北京名菜肴有"北京烤鸭""北京烤肉""涮羊肉""白煮肉""罗汉大虾""炸佛手"等。

 知识链接

北京烤鸭

北京烤鸭是具有世界声誉的北京菜式,它以优质肉用鸭——北京鸭为原料,用果木炭火烤制,色泽红润,肉质肥而不腻,被誉为"天下美味"而驰名中外。

北京烤鸭分为两大流派:挂炉烤鸭和焖炉烤鸭。挂炉烤鸭以"全聚德"为代表,而焖炉烤鸭则以"便宜坊"最著名。烤鸭之美,是源于名贵鸭品种的北京鸭,它是当今世界最优质的一种肉食白鸭,用填喂方法育肥,故名"填鸭"。

相传,明初老百姓爱吃南京板鸭,皇帝也爱吃,据说明太祖朱元璋就"日食烤鸭一只"。宫廷里的御厨们就想方设法研制鸭馔的新吃法来讨好万岁爷,于是也就研制出了挂炉烤鸭和焖炉烤鸭这两种技法。1864年,京城名气最大的"全聚德"烤鸭

店挂牌开业,烤鸭技术又发展到了"挂炉"时代。它用果木明火烤制;具有特殊的清香味道。北京烤鸭不仅声名远播,而且还使得"北京烤鸭"取代了"南京烤鸭"。新中国成立后,北京烤鸭的声誉与日俱增,更加闻名世界。据说,周总理生前十分欣赏和关注这一名菜,常宴请外宾,品尝烤鸭。为了适应社会发展需要,而今鸭店的烤制操作已愈加现代化,风味更加珍美。

操作要领:

(1)鸭的处理。宰鸭时,脖颈皮捏得越紧越好;烫毛时,要根据透水情况进行翻转,使鸭毛透水均匀,达到头部的鸭毛用手轻轻一推即可脱掉时,说明全身鸭毛烫得适度。打气时,不要过足,以免造成破口跑气;而充气太少,会使外形皱瘪不丰满。洗膛时,不能侧放鸭,以免把气挤跑;挂钩时,不要钩破颈骨,或只穿过皮肤而没穿上肌肉,以免颈折断,在烤制时掉下来。

(2)烤炉有挂炉、焖炉和转炉三种,通常都用挂炉。挂炉烤鸭是依靠热力的反射作用,即火苗发出热力由炉门上壁射到炉顶,将顶壁烤热后,再反射到鸭身的结果。炉温要稳定在230℃至250℃,避免过高或过低。过高,会使鸭皮收缩,两肩发黑;过低,会使鸭胸脯出皱褶。烤制时间要根据季节不同和鸭的大小、数量多少而定,不能过长或过短。一般说,冬季烤1只2000克的鸭子约45分钟,夏季只需35分钟。

(3)片鸭方法有两种。一种是皮肉不分,即片片带皮,可以片片成片,也可片成条;一种是皮肉分开片,先片皮后片肉。通常都采用第一种方法:左手扶着鸭腿骨尖或鸭颈,右手持刀、拇指可以活动地压在刀刃的侧面,刀片进肉后,拇指按住肉片及刀面,把肉片掀下。

便宜坊北京烤鸭

全聚德北京烤鸭

(二) 福建风味

福建位于我国东南沿海,气候温和,雨量充沛,四季如春。其山区地带林木参天,翠竹遍野,溪流江河纵横交错;沿海地区海岸线漫长,浅海滩辽阔。广袤的海域海鲜佳品常年不绝;而苍茫的山林溪涧和辽阔的江河平原,又盛产山珍野味和稻米、果蔬。地理条件优越,山珍海味富饶,为福建风味的形成提供了得天独厚的物质资源。

福建风味,又称"闽菜",经历了中原汉族文化和当地古越族文化的混合、交流而逐渐形成。闽菜最早起源于福建闽侯县。福建风味有福州、闽南、闽西三个流派。福州菜,是闽菜的主体。福州菜包括泉州、厦门菜;善用红糟,讲究调汤;菜肴清爽、鲜嫩、淡雅,偏于酸甜,汤菜居多;代表名菜有"佛跳墙""煎糟鳗鱼""淡糟鲜竹蛏""鸡丝燕窝"等。闽南菜,包括漳州一带;讲究作料调味,具有鲜醇、香嫩、清淡的特色;以善用香辣而著称;在使用沙茶、芥末、橘汁及中草药、佳果等方面,有独到之处;代表名菜有"东譬龙珠""清蒸加力鱼""炒沙茶牛肉""葱烧蹄筋""当归牛腩""嘉禾脆皮鸡"等。闽西菜,包括长汀及西南一带地方;偏重咸辣,具有鲜润、浓香、醇厚的特色;以烹制山珍野味见长,略偏咸、油,在使用香辣方面更为突出;代表名菜有"油焖石鳞""爆炒地猴"等,具有浓厚的山乡色彩。

福建风味有以下四大鲜明特征:

(1)刀工巧妙,寓趣于味。素有剖花如荔、切丝如发、片薄如纸的美誉。

(2)调汤考究,变化无穷。闽菜不仅"重汤""无汤不行",而且有"一汤十变"之誉。如用鸡肉、牛肉和火腿制成"三茸汤"后,还要按照菜肴烹制的需要,再选择干贝、鱿鱼、红糟、京冬菜、梅干菜、龙井茶叶或夜来花香等原料中的一种料汁,掺进三茸汤中,使汤的味道发生变化,给人以汤醇、料香、味新的感觉。

（3）调味奇特，别具一格。闽菜的调味偏于甜、酸、淡。其善用糖甜去腥膻；巧用醋酸甜爽口；味清淡，则可保持原汁原味，并且以甜而不腻、酸而不峻、淡而不薄享有盛名。闽菜还善用红糟、虾油、沙茶、辣椒酱、喼汁等调味，风格独特，别开生面。

（4）烹调细腻，雅致大方。烹调技艺以炒、蒸、煨著称，其选料、调味精细，泡发得当，火候适宜。食用器皿别具一格，多采用小巧玲珑、古朴大方的大、中、小盖碗，愈加体现雅洁、轻便、秀丽的格调和风貌。

闽菜烹调方法多样，不仅熘、焖、汆等独具特色，还擅长炒、蒸、煨等技法。如闽菜"响铃肉"，呈淡黄色，质地酥脆，略带酸甜，吃时有些微响，故得此名；"油焖石鳞"，色泽油黄，细嫩清甜，醇香鲜美。闽菜的煨制菜肴，更具有柔嫩滑润，软烂荤香，馥郁浓醇，味中有味，食而不腻的诱人魅力，闻名中外的"佛跳墙"，便是其代表。

　知识链接

佛跳墙

佛跳墙，又名"满坛香""福寿全"，是福建名菜。相传，它是在清道光年间（1821—1850 年）由福州聚春园菜馆老板郑春发研制出来的。光绪二十五年（1899 年），福州官钱局一官员宴请福建布政使周莲，他为巴结周莲，令内眷亲自主厨，用绍兴酒坛装鸡、鸭、羊肉、猪肚、鸽蛋及海产品等 10 多种原、辅料，煨制而成，取名"福寿全"。周莲尝后，赞不绝口。后来，衙厨郑春发将烹制此菜的方法加以改进，到他开设"聚春园"菜馆时，即以此菜轰动榕城。有一次，一批文人墨客来尝此菜，当"福寿全"上席启坛时，荤香四溢，其中一秀才心醉神迷，触发诗兴，当即曼声吟道："坛启荤香飘四邻，佛闻弃禅跳墙来。"从此该菜即改名为"佛跳墙"。

制作佛跳墙的原料有 18 种之多：海参、鲍鱼、鱼翅、干贝、鱼唇、花胶、蛏子、火腿、猪肚、羊肘、蹄尖、蹄筋、鸡脯、鸭脯、鸡肫、鸭肫、冬菇、冬笋等。烹调工艺非常繁复：先把 18 种原料分别采用煎、炒、烹、炸多种方法，炮制成具有它本身特色的各种菜式；然后一层一层地码放在一只大绍兴酒坛子里，注入适量的上汤和绍兴酒，使汤、酒、菜充分融合；再把坛口用荷叶密封起来盖严，放在火上加热。用火也十分讲究，需选用木质实沉又不冒烟的白炭，先用武火烧沸，后用文火慢慢煨炖五六个小时，才大功告成。

（三）云南风味

神秘、多元的民族文化,壮丽的自然景观,赋予云南永恒的魅力。云南风味,由昆明、滇南、滇西和滇东北四个区域构成。云南菜用料广泛,以山珍水鲜的烹制见长,口味是偏酸辣微麻和鲜香清甜,讲究本味和原汁原味,酥脆、软糯、重油醇厚,熟而不烂,嫩而不生,擅长蒸、炸、炖、烤、腌、冻、煨等烹调技法。云南风味名菜点有"汽锅鸡""过桥米线"等。

 知识链接

汽锅鸡

汽锅鸡是云南独有的高级风味菜。它的烹制方法特殊,鸡肉细嫩、汤汁鲜美、原汁原味、富于营养,在国内外均享盛誉。早在清代乾隆年间,汽锅鸡就在滇南地区民间流传,距今已有200多年。滇南地区建水县所产陶器历史悠久,式样古朴、特殊,当地人利用建水陶,别出心裁地研制出特殊的中心有嘴的蒸锅,名曰"汽锅"。烹饪时,在汽锅下放一盛满水的汤锅,然后把鸡块放入汽锅内,纯由蒸汽将鸡蒸熟。此菜汤汁为蒸汽凝成,保持了原汁原味,肉嫩香,汤清鲜。

汽锅鸡

汽锅鸡的做法如下:将仔鸡洗净后切成小块,和姜、盐、葱、草果一道放入汽锅内盖好;汽锅置于一放满水的汤锅之上,用纱布将陈缝堵上,以免漏汽,再放到火上煮。汤锅的水开后,蒸汽就通过汽锅中间的汽嘴将鸡逐渐蒸熟(一般需3~4小

时)。由于汤汁是蒸汽凝成的,鸡肉的鲜味在蒸的过程中丧失较少,所以汽锅鸡基本上保持了鸡的原汁原味。

(四)浙江风味

浙江濒临东海,气候温和,物产丰富。其境内北半部地处我国富庶的长江三角洲平原,土地肥沃,河流密布,盛产稻、麦、粟、豆、果蔬,水产资源十分丰富,四季时鲜源源上市;西南部丘陵起伏,盛产山珍野味,农舍鸡鸭成群,牛羊肥壮,为烹饪提供了富足的原料。

浙江烹饪已有几千年的历史,在余姚河姆渡遗址中就有籼稻、谷壳、菱角、葫芦、酸枣核及猪、鹿、虎、四不像、雁、鱼、龟等40余种动物的残骸,同时,还发掘出了陶制的古灶和一批釜、罐、盆、盘、钵等生活用陶器。春秋末年,古越国经过"十年生聚,十年教训",为钱塘江流域奠定了坚实的经济基础。隋唐开通了京杭大运河,宁波、温州两地海运的发达,尤其是五代建都在杭州,使浙江的经济文化更加繁荣。宋室南渡,定都临安,开始了中原人的第二次迁移,北方大贾巨族和普通百姓大批南移,使南北烹饪技艺广泛交流,推动了以杭州为中心的南方菜肴的革新和发展。经宋元时期的繁荣和明清时期的发展,浙江菜的基本风格初步形成。新中国成立后,特别是改革开放以来浙江饮食业发展迅速,酒楼饭店林立,菜肴珍品琳琅满目,服务门类日趋齐全,并形成了一支训练有素的厨师队伍。浙江省还成立了专门培养烹饪人才的各类学校和烹饪研究机构,广泛地交流烹饪文化,在发掘传统菜的基础上,大胆创新不断发展,使浙江饮食业的规模越来越大。

浙江菜由杭州、宁波、绍兴、温州四个地方流派组成。

杭州自南宋以来就是东南地区的经济文化中心。烹饪技艺,前后一脉相承。其菜肴,制作精良,清鲜爽脆、淡雅细腻,是浙江菜的主流。"东坡肉""西湖醋鱼""龙井虾仁""叫化鸡"等为杭州菜的代表作。

宁波濒临东海,菜肴以"鲜咸合一"的独特滋味见长,菜品色泽和口味较浓。在取料上,宁波以海鲜居多,名菜有"雪菜大汤黄鱼""冰糖甲鱼""锅烧鳗"等。

绍兴菜,以河鲜家禽见长,富有浓厚的乡村风味,名菜有"干菜焖肉""白鲞(xiǎng)扣鸡""清汤鱼圆"等。

温州菜,以海鲜入馔为主,口味清鲜,淡而不薄,烹调讲究"二轻一重"(轻油、轻芡、重加工)。名菜有"双味蝤蛑(yóumóu)"、"橘络鱼脑""爆墨鱼花"等。

浙江菜的风味特色有以下几个方面:

(1)选料追求细、特、鲜、嫩。细即精细,注重选取原料的精华部分,保持菜品的高雅上乘;特即特产,注重选用当地时令特产,以突出菜品的地方特色;鲜即鲜活,注重选用时鲜蔬果和鲜活现杀的海味河鲜等原料,以确保菜品的口味纯正;嫩即柔嫩,注重选用新嫩的原料,以保证菜品的清鲜爽脆。

(2)烹调擅长炒、炸、烩、熘、蒸、烧。炒,以滑炒见长,要求快速成菜,成品质地滑嫩,薄油轻芡,清爽鲜美;炸,菜品外酥而里嫩,力求嫩滑醇鲜,火候恰到好处,以包裹炸、卷炸见长;烩,用烩的技法所制作的菜肴,菜肴鲜嫩,汤汁浓醇;熘,熘的菜品讲究火候,注重配料,主料多用鲜嫩腴美之品,突出原料的鲜美纯真之味;蒸,讲究配料和烹制火候;烧,原料要求焖酥入味,浓香适口,尤以火工见长。

(3)口味注重清鲜脆嫩,保持主料的本色和真味。浙江菜在原料的配伍上有其独到之处。在海鲜河鲜的烹制上,浙江菜以增鲜之味和辅料来进行烹制,以突出原料之本。如,浙江名菜"东坡肉"以绍酒代水烹制,醇香甘美;"雪菜大汤黄鱼"以雪里蕻咸菜、竹笋配伍,汤料鲜香味美,风味独特;"清汤越鸡"则以火腿、嫩笋、冬菇为原料蒸制而成,原汁原味,醇香甘美;"火夹鱼片"则是用著名的金华火腿夹入鱼片中烹制而成,食之香嫩清鲜。

(4)形态讲究精巧细腻、清秀雅丽。如传统名菜"薄片火腿",片片厚薄均匀、长短一致、整齐划一,每片红白相间,造型尤似江南水乡的拱桥;南宋传统名菜"蟹酿橙",色彩艳丽,橙香蟹美,构思巧妙,独具一格。

 **知识链接**

西湖醋鱼

西湖醋鱼是浙江杭州传统风味名菜。该菜选用西湖草鱼作原料。烹制前一般先要在鱼篓中饿养一两天,使其排泄肠内杂物,除去泥土味。烹制时,火候要求非常严格,仅用三四分钟烧制。烧好后,再浇上一层平滑油亮的糖醋。烧好的鱼胸鳍竖起,鱼肉嫩美,带有蟹味,鲜嫩酸甜,别具特色。

原料:草鱼1条(约重700克)、绍兴酒25毫升、酱油75毫升、姜末2.5克、白糖60克、湿淀粉50克、米醋50毫升。

制作方法:

(1)将草鱼饿养两天,促其排尽草料及泥土味,使鱼肉结实。宰杀去掉鳞、鳃、内脏,洗净。

(2)把鱼身劈成雌雄两片(连背脊骨一边称雄片,另一边为雌片),斩去牙齿。在雄片上,从颌下4.5厘米处开始每隔4.5厘米斜片一刀(刀深约5厘米),刀口斜向头部(共片五刀);片第三刀时,在腰鳍后处切断,使鱼分成两段。再在雌片脊部厚肉处向腹部斜剞一长刀(深约4至5厘米),不要损伤鱼皮。

(3)将炒锅置旺火上,舀入清水1000克,烧沸后将雄片前后两段相继放入锅内,然后,将雌片并排放入,鱼头对齐,皮朝上(水不能淹没鱼头,胸鳍翘起)盖上锅盖。待锅水再沸时,揭开盖,撇去浮沫,转动炒锅,继续用旺火烧煮,前后共烧约3分钟;用筷子轻轻地扎鱼的雄片颌下部,如能扎入,即熟。炒锅内留下250克清水(余汤撇去),放入酱油、绍酒和姜末调味后,即将鱼捞出,装在盘中(要鱼皮朝下,两片鱼的背脊拼连,鱼尾段拼接在雄片的切断处)。

(4)在炒锅内的汤汁中,加入白糖、湿淀粉和醋,用手勺推搅成浓汁,见滚沸起泡,立即起锅,徐徐浇在鱼身上,即成。

杭州名菜西湖醋鱼

(五)辽宁风味

辽宁风味是在满族菜点、东北菜的基础上,吸取全国各地菜点特别是鲁菜和京菜之所长,形成自己的独特风格的。辽菜的特点是,一菜多味、咸甜分明、酥烂香脆、明油亮黄、讲究造型。辽菜全羊席很有名,是继满汉全席后的宫廷大宴之一,为宫廷招待信奉伊斯兰教客人的最高宴席。所谓全羊席,是指用整只羊的各个不同部位,烹制出各种不同品名的不同菜肴来,也就是整羊从头到脚,每一处都是一个菜,而且菜席至少44个菜,菜肴有稀有干,有冷有热,有咸有甜,口感多样。

辽宁风味由沈阳、大连、锦州和丹东等地方风味组成。烹调方法多样,擅长烧、烤、扒、炖、煮、蒸、熘等。菜肴口味以鲜咸为主,油重味浓,汁宽芡亮,清鲜脆嫩,形色俱佳。代表菜有"清蒸海螺""红梅鱼肚""橘子大虾"等。

第二节　少数民族饮食风味与寺院饮食风味

一、少数民族饮食风味

少数民族风味,是我国菜肴的一个组成部分,是除了汉族以外的其他少数民族菜点的总称。我国自古就是一个多民族的国家。各民族由于所处的地理环境、经济、文化、风俗等的不同,形成了风格各异的菜肴体系。本书在"饮食习俗"这一章对少数民族的饮食习俗有详细的介绍,故本节只介绍民族风味中影响最大的清真风味。

清真风味,是信奉伊斯兰教民族菜肴的总称。在我国 50 多个少数民族中,回族、维吾尔族、哈萨克族、塔吉克族、柯尔克孜族、乌孜别克族、塔塔尔族、撒拉族、东乡族和保安族等民族,在饮食习俗与禁忌方面共同遵守穆斯林教规;在饮食风味方面又各有相异之处。

在我国 10 个信奉伊斯兰教的少数民族中,以回族人口最多,分布最广,故狭义上的"清真菜"即指回族风味。回族的祖先,是来自中亚和西南亚的伊斯兰教教徒。唐宋以来,由于我国经济的繁荣和对外通商的频繁,一些波斯人和阿拉伯人在我国定居下来,从事经商活动,自此,伊斯兰教便随之在我国流传。到了元朝,回族逐渐形成。随着中国穆斯林人数的增多,清真菜也迅速发展起来。最早详细记载回族菜肴的书籍,是元代的《居家必用事类全集》。当时的回族菜,还较多地保留着西域阿拉伯国家菜肴的特色。元代忽思慧著的《饮膳正要》,也记载了不少回族菜肴,其中多羊馔。至明末清初,"清真"一词为社会广泛使用,而清真菜之名也取代了回族菜肴的旧名称。

清真菜在发展过程中,善于吸收其他民族风味菜肴的优点,将好的烹饪方法嫁接到本民族的菜肴中来,逐步形成了自己独有的风味特色。清真菜选料很严,戒律很多。清真菜所用肉类原料以牛、羊、鸡、鸭为主,其烹调方法以熘、炒、爆、涮见长,喜欢用植物油、盐、醋、糖调味。

由于各地物产及饮食习俗的影响,清真风味具有以下三大流派:一是西北地区的清真菜。以牛羊肉、牛羊奶及哈密瓜、葡萄干等为主要原料,烹调方法以爆、熘见长,菜肴风格古朴典雅。二是京津、华北地区的清真菜。其用料广博,除牛羊肉外,海味、河鲜、禽蛋、果蔬都是其使用的原料,烹制时讲究火候,精于刀工,菜肴色香味形并重。三是西南地区的清真菜。善于利用家禽和菌类植物,菜肴注重清爽利口,保持原汁原味。

清真菜的特点鲜明,主要有以下几点:

第一,严守伊斯兰教教规,饮食禁忌严格。其饮食习俗来源于伊斯兰教教规,"忌血生,禁外荤",主张吃"佳美""合法"的食物,不能吃"自死动物、血液、猪肉以及非诵安拉之名而宰的动物",凶猛禽兽以及无鳞鱼皆不可食。清真菜选料主要取材于牛、羊两大类,特别是烹制羊肉菜肴极为擅长。

第二,工艺精细,食品洁净。清真菜的制作方法很多,擅长烤、爆、炸、扒、炖、煮、烩等技法,烹制时生熟严格分开,甜咸互不干扰,注重饮食卫生。

第三,口味偏重鲜咸,汁浓味厚,肥而不腻,嫩而不膻。

清真菜的代表作有:"涮羊肉""汤爆肚头""炸羊尾""抓炒羊肉""烤羊肉""烩鸭四宝"等,清真"全羊席"充分体现了厨师的高超技艺。

清真菜宴席也极有特色,大体可分为燕菜席、鱼翅席、鸭果席、便果席和便席五类。具有繁简兼收,雅俗共赏,高中低档咸备,色香味形并美的特点。此外,清真小吃名目繁多,用料广泛,应时当令,丰富多彩。

二、寺院饮食风味

寺院风味,泛指道家、佛家宫观寺院烹制的以素食为主的菜肴总称,又称为寺院菜。寺院风味,起源于素食。中国素食历史悠久,早在《吕氏春秋·本味篇》中就有对素食原料的记载:"菜之美者:昆仑之蘋阳华之芸;云梦之芹;具区之菁;浸渊之草,名曰士英。"在《礼记·坊记》里有"七日戒,三日斋"的记载,说明人们在祭祀时要沐浴更衣,素食独居,以表示对祖先、鬼神的虔诚。到秦汉时,生产力的进步带动了种植业的发展;"丝绸之路"的开通,又引进了许多蔬菜和瓜果原料,尤其是豆腐的问世使烹饪原料进一步丰富。

中国民间素食风俗,早在先秦时就有了。佛教在两汉时期传入我国,南朝梁武帝萧衍笃信佛教,提倡素食,重视戒生和食素的寺院僧尼开始了真正意义上的戒律生活,寺院素食至此开始出现。到了宋代,寺院菜有了长足的发展,以豆制品和面筋制品烹制的各种菜肴日益增多,创造出一批实素而形荤的菜肴,如假煎鱼、素鸡、素鸭、素鱼、素火腿等。到了清代,寺院风味发展到最高水平,形成了许多风格各异的寺院名肴。

寺院风味,经历代僧厨的不断改进和提高,技艺逐步完善,形成了独具一格的风味特色。

(一)就地取材

寺院风味菜肴选料有一定的局限性,仅限于素食原料,如粮食、植物油、蔬菜、瓜果及豆制品、面筋和各种菌类等。僧尼、道徒,平日除诵经、入定、坐禅及一些佛事、道事外,其余时间多用于田间劳作,以供日常饮食所需。故"靠山吃山"、就地取材,成为寺院菜肴的一大特点。

(二) 口味清鲜

寺院菜肴取料,主要以四季时鲜蔬菜、豆腐、菌类为主。这些原料素净、清淡,给人以新鲜爽脆的感觉;烹饪制作时,其调味和技法尤其注重清淡、香醇。例如,杭州灵隐寺云林素斋的"熘黄菜",以嫩豆腐、蘑菇、素火腿、绿色蔬菜为原料,加入味精、盐、素油、柠檬黄等调料。制作时,先将蔬菜放入锅内烫熟捞出,用冷水冲凉,细切成丁;蘑菇、素火腿切成细丁;豆腐搅碎,连同蘑菇丁一起,加入生粉、盐、味精、柠檬黄拌匀成糊;素油加入锅内,烧至六成热时,倒进豆腐、蘑菇一起制成糊状;然后熘透起锅,盛进盘内,撒上绿色蔬菜丁和素火腿丁,形成"满天星"。此菜清香可口,味美不腻。寺院菜用的汤,其素(底)汤的讲究丝毫不亚于高汤,通常用黄豆芽、香菇,加上各类天然植物香料,文火吊制,味浓鲜美,香气扑鼻,让人啧啧称奇。

(三) 以素托荤

寺院菜肴使用的原料虽然受到一定的局限,但烹制方法考究。山珍海味中的海参、鱼翅、燕窝、鱼肚、鲍鱼、蹄筋、熊掌、驼峰等,都可用素料来仿制,可谓匠心独具。例如,用发菜、藕料制成的素海参软糯形真,冬瓜仿制的燕窝莹洁逼真。扬州大明寺的"笋炒鳝丝"用香菇作原料,烹制出的效果相当逼真,几乎与真鳝鱼丝无异。

寺院菜肴,因寺院的不同而有其特有的风味。最具特色的有,上海玉佛寺、扬州平山堂、成都宝光寺和文殊院、沈阳太清宫、厦门南普陀寺、杭州灵隐寺、扬州大明寺、南京鸡鸣寺、西安卧佛寺、北京广济寺等寺院所烹制的馔肴。著名的风味菜肴有"鼎湖上素""罗汉斋""半月沉江""糟烩鞭笋""八宝鳜鱼""卷筒嫩鸡""炒鸡花""蜜汁山药兔"等。

 **知识链接**

罗汉斋

罗汉斋是寺院菜中的名菜,用十八种原料做成,寓意对佛教十八罗汉的虔敬。上海玉佛寺的罗汉斋最为出名,是用花菇、口蘑、香菇、鲜蘑菇、草菇、发菜、银杏、素鸡、素肠、土豆、胡萝卜、川竹笋、冬笋、竹笋尖、腐竹、油面筋、黑木耳、金针菜等原料加调料做成,外形丰肥,吃口清鲜,可以与鸡鸭鱼肉之味相媲美。

第三节 宫廷饮食风味和官府饮食风味

一、宫廷饮食风味

宫廷风味是旧时皇帝所用肴馔的总称。在奴隶社会和封建社会,国家是帝王的天下。帝王可以在全国范围内,凭借自己的权势役使天下名厨,聚敛天下美味,形成豪奢精致的宫廷风味。宫廷风味,充分显示了国家烹饪艺术的最高水平。

(一)宫廷风味的发展历史

1. 周王室的饮食风味

商朝时,国君们的饮食已开始向"钟鸣鼎食""食前方丈"的程式化发展。至周朝时,中国宫廷风味已具规模。周王室的宴饮活动非常频繁,宴饮的种类、规格以法律的形式固定下来,如以鼎的多少来体现宾客的身份。根据《周礼》记载,总理政务的天官冢宰,下属 59 个部门,其中有 20 个部门专为周天子及王后、世子们的饮食服务,其厨事队伍庞大,分工细密,有主管王室饮食的"膳夫"、掌管王及后、世子饮食烹调的"内饔(yōng)"、专门烹煮肉类的"烹人"、主管王室食用牲畜的"庖人"等。

周宫廷的菜肴,由掌管烹饪制作的职司完成后,经食医"和"(调配)、膳夫"品尝食",然后"王乃食"。周天子的饮食,有一定的礼数,食用六谷[稌(tú)、黍、稷、粱、麦、蓏(luǒ)],饮用六清[水、浆、醴、醷(xī)、凉、酏(yǐ)],膳用六牲(牛、羊、豕、犬、雁、鱼);一日三餐,每餐都要杀牲供馔,朝食最为隆重,要排列 12 鼎:9 牢鼎(牛、羊、豕、鱼、肠胃、腊、肤、鲜鱼、鲜腊),3 陪鼎(牛羹、羊羹、豕羹)。杀牲食用要求应合四时之变,春天用小羊小豕,以牛油烹制;夏天用干雉和干鱼,用犬膏烹制;秋天用小牛小麋鹿,用猪油烹制;冬天用鲜鱼及雁,以羊脂烹制。调味则坚持"春多酸,夏多苦,秋多辛,冬多咸"的原则。在主副食的搭配上,也有具体的规定:"牛宜稌,羊宜黍,豕宜稷,犬宜粱,雁宜麦,鱼宜蓏。"认为只有这样才是"膳食之宜"。

"周八珍"是周代宫廷风味的代表作,它们是淳熬、淳母、炮、渍、捣珍、为熬、糁、肝膋(liáo)。

2. 汉代宫廷的饮食风味

秦汉以后,宫廷御厨在总结前代烹饪实践的基础上,对宫廷菜加以丰富和创新。汉代宫中御膳的备办、传膳、进膳、用膳和赐食,都有一套严格的程序,不可僭越。

汉宫廷的主食仍为粮食制品,以麦的地位最高。资料显示,汉代宫廷中的面食品种明显增多,常用的有汤饼、蒸饼、胡饼三大类。豆制品的丰富多样,又使宫廷饮食生活有了很大的变化。由于石磨的普及,人们将大豆制成豆腐及其他豆制品,极大地扩大了原料的品种。而豆豉、豆酱等调味品的出现,使汉宫廷风味更加丰富。汉代宫廷饮食,尚重猪、狗、牛之肉,认为"猩猩之唇""獾獾(huān)之炙"(烧烤而成的獾肉)、"隽燕之翠(燕尾肉)"为美味之食。

汉代宫廷宴席具有一定的规模。著名学者翦伯赞在考证秦汉史时指出,皇帝在宴飨群臣时,"庭实千品,旨酒万钟,列金罍(léi),班玉觞,御以嘉珍,飨以太牢。管弦钟鼓,异音齐鸣,九功八佾,同时并舞。"

3. 魏晋南北朝宫廷的饮食风味

魏晋南北朝时期,是我国历史上大动荡、大分裂持续最久的时期。在这一时期,由于战争绵延不断,各民族的饮食文化互相交融,饮食习俗互相交汇,使宫廷饮食出现了胡汉交融的特点,如新疆的大烤肉、涮肉,闽粤一带的烤鹅、鱼生,皆被当时的御厨所使用。这一时期,面食的发酵技术更加成熟,面食品种日益丰富,主要的品种有白饼、烧饼、面片、包子、馒头、髓饼、煎饼、膏环、饺子、馄饨等。由于西北游牧民族入居中原,乳类、羊肉食品在中原得到普及,在宫廷饮食中也占有相当的比重。而梁武帝笃信佛教,以素食自励,饮茶习俗在宫中形成。随着佛教的传入和道教的兴起,饮食戒规开始影响到宫廷食事和食尚。

4. 隋唐宋宫廷的饮食风味

唐朝,国力强盛,对外交流频繁,这使得唐代宫廷饮食具有中外兼收、多族并蓄的特点。唐朝外来饮食最多的是西域食品,引入的有葡萄酒、胡饼、天竺(今印度)熬糖之法,以及尼婆罗(今尼泊尔)的菠菜等。唐朝宫廷饮食的主食,仍以麦、稻为主,间以各种杂粮,但米食的地位有了显著的提高,面条以及发酵面食、其他面食制品也增加了许多。唐朝宫廷宴会,十分重视看席。《卢氏杂记》载:"唐御厨进食用九饤食,以牙盘九枚装食于其间,置上前,并谓之'香食'。"还有"看食"。唐代一法名"梵正"的尼姑,用酱肉、肉干、鱼鲊(zhǎ)、酱瓜之类的冷食,仿照唐诗人王维晚年所居的辋川别墅的景致,在食盘上拼制出来,称之为"辋川小样"。

隋唐时期,大臣、皇室向皇帝献食之风盛行。唐朝从中宗开始,大臣拜官,依例要献食于天子,名曰"烧尾"。以韦巨源烧尾宴食单来看,其中有饭、粥、点心、馄饨、糕饼、粽子等饭食面点,也有鸡、鱼、鹅、猪、熊、牛等肉食,还有仙人脔(luán)、八仙盘、凤凰胎、汤浴绣丸、小天酥、过门香等名肴。

唐代宴会种类繁多,场面盛大,宴会的名目和奢侈程度都是空前的。宴请藩使、喜庆加冕、庆功、祝捷等重大节日,都要举行盛大宴会。

唐代主食的名品有"百花糕""清风饭""王母饭""红绫饼"等,代表菜肴有"浑羊殁忽""灵消炙""红虬脯""遍地锦装鳖""驼峰炙""驼蹄羹"等。

宋代分北宋、南宋两个阶段,其宫廷饮食风味有明显的不同。北宋以"北食"为主,南宋以"南食"为主。从北宋初叶至中叶,宫廷肴馔较为简约,后期到南宋则较为奢侈。北宋的主食以面食为主,面和米的比例为二比一;南宋时稻米的比例有所增加。宋代皇帝的饮食中,几乎全用羊肉为主要原料,而不用猪肉,并且上升到宋朝的"祖宗家法"。《续资治通鉴长编》云:"饮食不贵异味,御厨止用羊肉,此皆祖宗家法,所以致太平者。"南宋定都临安后,仍以羊肉为主要肉食品,但南食比重逐渐增大,水产品比例上升,特别是蟹馔。

宋代宫廷宴会名目繁多,有圣节宴(万寿宴)、春宴、秋宴、朝宴、庆功宴等,其宴会排场盛大,非常隆重。据《梦粱录》卷三记载:"其御宴酒盏皆屈卮(zhī),如菜碗样,有把手。殿上纯金,殿下纯银。食器皆金棱漆碗碟。御厨制造宴殿食味,并御茶床上看食、看菜……并殿下两朵庑看盘、环饼、油饼、枣塔,俱遵国初之礼在,累朝不敢易之。"

5. 元明清时期宫廷的饮食风味

元明清,是宫廷饮食最鼎盛的时期,是少数民族与汉族饮食大融合的阶段。元代宫廷菜点,以蒙古族风味为主。食品以牛羊肉及奶酪为主,宫廷肴馔很庞杂,除蒙古风味菜外,兼容汉、女真、西域、印度、阿拉伯、土耳其及欧洲一些民族的肴馔。元代饮膳太医忽思慧在《饮膳正要》的"聚珍异馔"中,收录了回、蒙古等民族及印度等风味菜点94种,除鲤鱼汤、炒狼肉、攒鸡儿、炒鹌鹑、盘兔、攒牛蹄、猪头姜豉等20种以外,其他皆用羊肉、羊五脏制成。御厨对羊肉的烹饪方法很多,最负盛名的是全羊席。据传,全羊席是元代宫廷为喜庆宴会和招待尊贵客人而设计制作的。

明初定都南京,宫廷风味尚南味。明成祖朱棣迁都北京后,其饮食呈现出南北相兼、蒙汉相宜的特点,但以汉食为主。明代宫廷风味十分强调饮馔的时序性和节令食俗,一些民间食俗,特别是节令食俗在宫中逐渐流行并成制度。《明宫史·火集》云:正月初一,"五更起……饮椒柏酒,吃水点心,即扁食也。"扁食即水饺。

清代宫廷风味,在中国历史上达到了顶峰,御膳不仅用料珍贵,而且注重肴馔的造型。清宫廷饮食深受满族传统的影响,虽然羊肉仍是重要原料,但在肉类上更热衷于猪肉,烤全猪是清宫杰作。在烹调方法上,清宫廷特别重视"祖制"。许多菜肴在原料用量配伍及烹制方法上都已程式化,如宫中烹制的"八宝鸭"限定使用的八种辅料不可随意改动。清代宫廷风味主要由满族菜、鲁菜和淮扬菜构成。御厨对菜肴的造型艺术十分讲究,在色彩、质地、口感、营养等方面都强调彼此间的协调。

清代宫廷筵宴规模不断扩大,烹调技艺不断提高,达到了登峰造极的程度。其名目繁多,万寿宴、圣宴、朝宴、传胪宴等,均具有相当规模。尤以"千叟宴"规模最盛,排场最大,耗资亦最巨,参加宴会者多达数千人。千叟宴,在清代共举行了四次，首次在康熙五十二年(1713年)，于三月二十五日和二十七日两次大宴耆老，分别有3700余人和2600余人。乾隆为庆贺自己即位50周年和60周年，也举办过两次千叟宴，分别有3000余人到席。

知识链接

乾隆皇帝晚餐膳单

乾隆十二年(1747年)十月初一日所进晚膳，膳单如下记述：

万岁爷重华宫正谊明道东暖阁进晚膳，用洋漆花膳桌摆。

燕窝鸡丝、香蕈丝、白菜丝、馔平安果一品，红潮水碗。续八鲜一品，燕窝鸭子、火熏片馆子、白菜、鸡翅、肚子、香蕈。合此二品，张安官做。

肥鸡、白菜一品，此二品五福大珐琅碗。肫吊子一品，苏脍一品，饭房托场澜鸭子一品，野鸡丝酸醒丝一品，此四品铜珐琅碗。

后送芽韭炒鹿脯丝，四号黄碗，鹿脯丝太庙贡献。烧麠肉、锅塌鸡丝、晾羊肉攒盘一品，祭祀猪羊肉一品，此二品银盘。

糗饵粉餈一品，象眼棋饼、小馒首一品，黄盘。折叠奶皮一品，银碗。烤祭神糕一品，银盘。酥油豆面一品，银碗。蜂蜜一品，紫龙碟。拉拉一品，二号金碗；内有豆泥，珐琅葵花盒。

小菜一品，南小菜一品，菠菜一品，桂花萝卜一品，此四品五福捧寿铜珐琅碟。

匙筋、手布安毕进呈。随送粳米膳进一碗，照常珐琅碗、金碗盖；羊肉卧蛋粉汤一品，萝卜汤一品，野鸡汤一品。

(二)宫廷风味的主要特点

1. 选用原料珍贵

宫廷菜所用原料来自各地各类原料中的精品。不论是山珍海味，还是寻常之物，能进御厨房的毫无例外是其中的上品。如镇江的鲥鱼，阳澄湖的大蟹，四川会同的银耳，东北的鹿茸、鹿尾、鹿鞭，东北的熊掌、飞龙鸟，南海的鱼翅，海南的燕窝，山东的鲍鱼、海参等，都是各地向皇上进贡的贡品。

2. 烹制注重规格

宫廷菜的制作不仅精细，而且制作上尤其注重规格。其饮食的数量和质量都有严格的规定，必须循"祖宗之制"，不可随意更改。如在刀工的运用中，伪满御厨唐克明师傅回忆说："宫廷菜制作有严格的刀法要求，如红烧鱼制成'让指刀'，干烧鱼制成'兰草刀'，酱汁鱼制成'棋盘刀'，清蒸鱼制成'箭头刀'。不同的烹调方

法,要求不同的刀法,不仅在加工主料时表现出来,就是在加工配料时也严加区别。调味上分类细腻,每种口味都有准确的名称,如瓦香肉的三致口、蟹黄狮子头的红光口、八宝肥鸭的净贤口等。"

3.菜品珍贵精美

宫廷菜讲究菜肴造型,操作时讲究量材下刀,原料的大小、规格以入口恰好,不大不小为原则;装盘时要求松散浑圆,饱满平整。菜肴成型要像盆景那样美观,风景般秀丽。肴馔名称多带有明显的皇家气派和喜庆吉祥,如龙凤呈祥、宫门献鱼、凤凰卧雪、五福寿桃等。同时为了显示帝王尊严和权势的至高无上,不惜花费大量的财力物力,制造了非常华贵的餐具,有金、银、玉、水晶、玛瑙、珊瑚、犀角、玳瑁等制品,色形独具。如,使用绘有云龙图案的万寿无疆字样的明黄色瓷器,使得菜品显得更加华贵雍容,精细。

二、官府饮食风味

官府风味,指的是封建社会官宦人家所制的肴馔。官宦人家的饮食生活,往往是日日年节,筵宴相连,穷奢极侈,争奇斗富。

官府风味始于周秦的诸侯府第,汉晋隋唐已初具规模。至宋元明清,官府菜已具有一定的影响力。官府菜的兴盛,一方面是权贵们为满足口腹之欲的享受,同时也是其社交应酬的需要;另一方面,则是以珍馐作为敲门砖,攀附权贵,是一种谋求升迁的手段。孔府菜和谭家菜,是我国官府菜的代表作。

1.孔府菜

孔府又称"衍圣公府",是孔子后裔的府第。孔子生前受冷落,自汉武帝推行"罢黜百家,独尊儒术"之后,孔子的儒家思想成为中国封建社会的统治思想。随着孔子地位在封建社会越来越被尊崇,其后世子孙成了历代皇朝"恩渥倍加"的对象,其嫡系子孙的地位和门第从奉祀、封君、大夫一直到伯侯公爵,"代增隆重"。宋元以后,世袭衍圣公,孔府成为我国历史上持续时间最久、家世最大的世袭贵族府第。孔府在饮食生活方面,也形成了自己独特的风格体系。

孔子精于饮食之道。"食不厌精,脍不厌细。食饐(yì)而餲(ài),鱼馁而肉败,不食。色恶,不食。臭恶,不食。失饪,不食。不时,不食。割不正,不食。不得其酱,不食。"(《论语·乡党第十》)这是孔子的饮食观点。其后人谨遵孔子的祖训,使孔府菜呈现出用料考究、技艺精湛、餐具精美、注重礼节等特点。

孔府饮食风格的形成,与历代帝王尊孔分不开。衍圣公府的世袭制度,使其家族千年不衰,其饮食风格、传统、习惯也能延续下来。

孔府有专管饮馔的厨房——内厨和外厨,其分工细致,管理严格。"内厨",是孔府稳定的厨师队伍,一般都是父子相承;"外厨",则是在大筵之时由班头招入府中,事毕皆散。由于这种制度,孔府的厨师队伍既能保持一定的稳定性,又能不断增加新鲜血液,烹饪技艺始终维持在较高的水平上。

孔府菜取料广泛,从山珍海味到瓜果蔬菽,皆可成菜;烹调精细,讲究粗料细做。如"丁香豆腐"的制作,是以绿豆芽和豆腐为原料,将豆腐切成三角形,经油炸,绿豆芽掐去芽和根,与豆腐同炒,形如丁香花开,诱人食欲。

孔府菜还特别讲究筵席餐具,最为华美的成套餐具是"礼食银资全席食器",共计404件;其造型各异,别具匠心。餐具上嵌有玉石珠宝,雕有各种鸟兽花卉图案,十分精美。

孔府菜的筵宴重礼制,讲排场。由于孔府的特殊地位,历代上自天子,下至王侯政要等权臣显贵都与孔府有频繁往来,孔府的筵宴长年不断,而且筵宴十分注重礼制。如,显贵宾客用"燕菜席",上等宾客用"鱼翅席",普通宾客用"海参席"。其筵宴讲究排场。如,77代衍圣公孔德成先生的婚宴分为上、中、下三等,贵宾是100多道菜的"九大件",次之是40多道菜的"三大件",下等的是"十大碗";实行三厨分治,内厨一次开15桌,外厨一次开100桌,筵席从上午一直开到午夜还没完。而76代衍圣公孔令贻出丧之日,孔府的酒席就摆了1600桌,令人叹为观止。

 **知识链接**

孔府向慈禧进献的寿宴

在慈禧六十寿宴时,孔子第七十六代孙孔令贻携妻带母到京祝寿。为求欢心,在十月初四,老太太(孔令贻之母)进圣母皇太后早膳一桌、太太(孔令贻妻陶氏)进早膳一桌。

老太太早膳一桌内容如下:

海碗菜两品:八仙鸭子、锅烧鲤鱼。

大碗菜四品:燕窝万字金银鸭块、燕窝寿字红白鸭丝、燕窝无字三鲜鸭丝、燕窝疆字口蘑肥鸡。

中碗菜四品:清蒸白木耳、葫芦大吉翅子、寿字鸭羹、黄焖鱼骨。

小碗菜四品:熘鱼片、烩鸭腰、烩虾仁、鸡丝翅子。

碟菜六品:桂花翅子、炒苤白、芽韭炒肉、烹鲜虾、蜜制金腿、炒王瓜酱。

克食二桌:蒸食四盘、炉食四盘、猪肉四盘、羊肉四盘。

片盘二品:挂炉猪、挂炉鸭。

饽饽四品:寿字油糕、寿字木樨糕、百寿桃、如意卷。

燕窝八仙汤、鸡丝卤面。

太太进早膳一桌。其菜点与上相类,从略。以上两桌共用银240两。由此可见孔府饮食豪奢之一斑。

2. 谭家菜

谭家菜出自清末官僚谭宗浚家,流传至今,已有百余年历史。谭宗浚,字叔裕,广东南海人。其父谭莹,是清朝一位有名的学者,博学多识。谭宗浚在同治十三年(1874年)27岁时考中榜眼,以后入翰林,任四川督学,稳步跨进了清朝的官僚阶层。

谭宗浚一生酷爱珍馐美味,热衷于同僚相互宴请,以满足口腹之欲。他在宴请同僚时,总要亲自安排,将家中肴馔整治得精美适口,常常赢得同僚众口一词的赞扬,谭家菜因此在京官中颇具名声。

谭宗浚之子谭瑑(zhuàn)青讲究饮食更甚于其父。谭宗浚离京充任外官时,谭瑑青亦随往,对各地方菜多有涉猎,积累食诀甚丰。谭家父子一生不置田产,刻意饮食。他们经常不惜重金礼聘京师名厨,并在烹调过程中令女眷将技术学到手。这样随请随辞,久而久之,谭家不断吸收各派名厨之长,将南北风味结合起来,独创一派。

谭家菜在形成的初期,是作为一种家庭菜肴而存在的。后来,谭家败落,谭瑑青不得不将自家大名鼎鼎的谭家菜拿出来变相营业,以获得一些收入,补贴家用,谭家菜才逐渐流传到社会上。

谭家菜甜咸适口,讲究原汁原味,南北皆宜。烹制谭家菜很少用花椒一类的香料炝锅,也很少在菜做成后,再撒放胡椒粉一类的调料;讲究的是吃鸡要品鸡味,吃鱼要尝鱼鲜,绝不能用其他异味、怪味来干扰菜肴的本味。

谭家菜以做海味菜最为有名,而在海味菜中又以燕窝和鱼翅的烹制为最。"黄焖鱼翅"和"清汤燕菜"是谭家菜中的代表作。鱼翅要用珍贵的黄肉翅(吕宋黄),讲究吃整翅;在火上焖6个小时,使鱼翅汁浓、味厚;鱼翅柔软糯滑,极为鲜美。燕菜不采用碱发,而用温水浸泡;然后放入鸡汤上笼蒸制,再用清汤烹制,使汤清如水;燕窝软滑不碎,味道鲜美。

谭家菜讲究慢火细作。烹调时火候足,下料狠,菜肴软烂,易于消化。最初,订谭家菜宴席,必须转托同谭瑑青相熟之人,每桌席的价格在100块钱左右。即使这样,订座的往往要排到1个月以后。吃谭家菜还有一个条件,那就是请客一定要请谭家的主人,不管就餐者与谭家是否相识,都要给主人谭瑑青多设一个座位,多摆一双筷子,谭瑑青也总要来尝上几口,以示谭家并非以开店为业而是以主人身份"请客"。同时,吃谭家菜,都需到谭府来吃,概不外卖。

**知识链接**

谭家菜的燕翅席

吃燕翅席有一定的仪式。客人进门,先在客厅小坐,上茶水和干果。待人到齐后,一齐步入餐室,围桌坐定。一桌 10 人,先上 6 个酒菜,如"叉烧肉""烧鸭肝""蒜蓉干贝""五香鱼""软炸鸡""烤香肠"。这些酒菜一般都是热上,上好的绍兴黄酒也烫得热热的端上来,供客人们交杯换盏。

酒喝到两成,上头道大菜"黄焖鱼翅"。这道鱼翅软烂味厚,金黄发亮,浓鲜不腻,吃罢,口中余味悠长。

第二道大菜为"清汤燕菜"。在上"清汤燕菜"前,会有人给每个客人送上一小杯温水,请客人漱口,因为这道菜鲜美醇酽,不净口,则不能更好地体味其妙处。

接着上来的是鲍鱼,或红烧或蚝油,汤鲜味美,妙不可言。但盘中的原汁汤浆仅够每人一匙之饮,食者每以少为憾,引动其再来的念头。过去,这道菜亦可用熊掌代之。

第四道菜为"扒大乌参"。那一只参便有尺许长,三斤重,软烂糯滑,汁浓味厚,鲜美适口。

第五道菜上鸡,如"草菇蒸鸡"之类。第六道上素菜,如"银耳素烩""虾子茭白""三鲜猴头"一类。第七道菜上鱼,如"清蒸鳜鱼"。第八道菜上鸭子,如"黄酒焖鸭""干贝酥鸭""葵花鸭""柴把鸭"等。第九道菜上汤,如"清汤哈士蟆""银耳汤""珍珠汤"等。所谓"珍珠汤",是用刚刚吐穗、两寸来长的玉米做成的汤。此汤有一种淡淡的甜味,清鲜解腻,非常适口。

最后一道菜为甜菜,如"杏仁茶""核桃酥"一类,随上"麻茸包""酥盒子"两样甜咸点心。至此,谭家菜燕翅席便告结束了。上热手巾揩面后,众起座,到客厅,又上四干果、四鲜果,一人一盅云南普洱茶或安溪铁观音茶,茶香馥郁,醇厚爽口,饮后回甘留香。

曾有人在吃了谭家菜的燕翅席后,发出过"人类饮食文明,到此为一顶峰"的赞叹。

本章小结

中国烹饪的风味流派众多,由于历史、地理、气候、经济、政治、文化、风俗、信仰等因素的影响,形成了各自的特点。中国烹饪的风味,主要有地方风味、民族风味、宗教风味、宫廷风味和官府风味等。地方风味中,以黄河流域的鲁菜、长江流域的川菜和淮扬菜、珠江流域的粤菜最具代表性。不同的民族，经过世代的传承和延续，逐渐形成了本民族特有的饮食品种。佛教和道教信仰，又造成我国素食的兴盛；宫廷和官府风味，是各朝各代中国烹饪艺术的高峰，代表着那个时代的烹饪技艺。

 **思考与练习**

一、名词解释

1. 宫廷饮食风味

2. 官府饮食风味

3. 寺院饮食风味

二、选择题

1. 山东饮食风味擅长的烹调技法是(　　)。

A. 爆　　　　　　　B. 烧　　　　　　　C. 烤　　　　　　　D. 蒸

2. "佛跳墙"是(　　)地方名菜。

A. 广东　　　　　　B. 福建　　　　　　C. 广西　　　　　　D. 安徽

3. 谭家菜属于(　　)风味。

A. 宫廷　　　　　　B. 官府　　　　　　C. 寺院　　　　　　D. 民族

4. 以刀工著称的是(　　)菜。

A. 广东　　　　　　B. 四川　　　　　　C. 江苏　　　　　　D. 山东

三、简答题

1. 从烹饪炊具的历史演变来分析中国烹饪文化的历史发展。

2. 谭家菜和孔府菜各以什么风味为其主要特点？

3. 清真菜具有哪些特点？

四、分析题

1. 比较山东风味、四川风味、江苏风味、广东风味等菜肴的调味手法和擅长的烹调技法。

2. 中国烹饪的风味流派界定的依据是什么？

五、拓展练习题

根据我国四大风味流派的菜肴特点，请选用一款原料做出四道具有不同风味的菜肴，并说明菜肴的特点在哪里。

第四章

中国烹饪基础知识

中国烹饪工艺从人的饮食需要出发，有目的、有计划、有程序地对烹调原料进行筛选、切割、调味与烹制，使之成为符合营养卫生科学，具有民族文化传统，能满足人们饮食需要的菜品。它是以烹饪原料为物质基础，以中国菜肴与点心的制作工艺为研究对象，涉及烹饪原料的选择、烹饪原料的初加工、原料的刀工与切配、调味与烹调技法等方面。

第一节　烹饪原料

烹饪原料，是指通过烹饪加工可以制作各种主食、菜肴、糕点、小吃的可食性原材料。它应具有一定的营养价值，经烹调后具有良好的口感和口味，并要保证食用的安全卫生。

一、烹饪原料的分类

（一）烹饪原料的分类原则

我国的烹饪原料种类众多，对烹饪原料进行分类，有助于我们全面深入地认识烹饪原料的性质和特点，科学合理地利用烹饪原料，调查烹饪原料的资源状况，进一步开发新的烹饪原料。

在对烹饪原料进行分类时，应尽可能做到科学严谨，反映出原料的自然属性；

同时,也要遵循合理性原则,以便于检索利用,易于被烹饪工作人员所接受。

(二)烹饪原料的分类方法

由于对烹饪原料分类的角度不同,烹饪原料的分类方法也不一,现国内烹饪界采用的一些分类方法主要如下:

(1)按原料来源属性分,可分为植物性原料、动物性原料、矿物性原料和人工合成原料等。

(2)按原料加工与否分,可分为鲜活原料、干货原料和复制品原料等。

(3)按烹饪运用分,可分为主料、配料和调味料等。

(4)按商品种类分,可分为粮食、蔬菜、果品、肉类及肉制品、蛋奶、野味、水产品、干货、调味品等。

二、烹饪原料的品质检验

烹饪原料的品质检验,是指依据一定的标准,运用一定的方法,对烹饪原料的质量优劣进行鉴别或检测。

烹饪原料品质的好坏,对所烹制的菜肴的质量有决定性的影响。烹饪原料的品质好,厨师就能烹制出色、香、味、形俱佳的菜肴;反之,即使厨师的技艺再高,也不能保证菜肴的质量。

(一)烹饪原料的品质检验指标

烹饪原料品质检验的指标,主要包括以下几个方面:

(1)感官指标。主要指原料的色泽、气味、滋味、外观形态、杂质含量及水分含量等。

(2)理化指标。主要指原料的营养成分、化学成分、农药残留量、重金属含量等。

(3)微生物指标。主要指原料中的细菌总数、大肠杆菌群数、致病菌的数量与种类等。

(二)烹饪原料的品质检验方法

烹饪原料的品质检验方法,主要有理化检验和感官检验两大类。

1. 理化检验

理化检验是指利用仪器设备和化学试剂对原料的品质好坏进行分析判断。它包括理化方法和生物学方法两类。运用这类方法鉴别原料的品质比较精确,但须有相应的设备和专业技术人员,检验时间较长,在烹饪行业较少使用。

2. 感官检验

感官检验就是凭借人体自身的感觉器官,即凭借眼、耳、鼻、口(包括唇和舌)

和手等感觉器官,对原料的品质好坏进行判断。感官检验根据运用的感官的不同,又可分为视觉检验、嗅觉检验、听觉检验、触觉检验和味觉检验五种具体方法。感官检验法是烹饪行业常用的检验原料品质的方法,通过对食品感官性状的综合性检查,可以及时地鉴别出食品质量有无异常。感官检验直观,手段简便,但不如理化检验精确可靠。

视觉检验是判断食品感官质量的一个重要感官手段,它从原料的质量、清洁、色泽、外形来检验原料的新鲜度。食品的外观形态和色泽对于评价食品的新鲜程度、食品是否有不良改变以及蔬菜、水果的成熟度等有着重要意义。

嗅觉检验是通过嗅觉器官检验食品的气味,进而评价食品质量(如纯度、新鲜度或劣变程度)的一种方法。人的嗅觉相当敏锐,一些风味化合物即使在很低的浓度下也会被感觉到。当食品发生轻微的腐败变质时,就有不同的异味产生。例如,鱼肉一旦变质,就会产生一种难闻的腥臭味;猪肉变质就会有一种恶臭味。对熟食品的鉴别主要靠嗅觉来完成。

听觉检验是凭借听觉器官对声音的反应来检验食品品质的一种方法。听觉鉴定可以用来评判食品的成熟度、新鲜度、冷冻程度等。

触觉检验凭借触觉器官(手、皮肤)所产生的反应,对食品表面的粗糙度、光滑度、膨松、软硬、弹性(稠度)、脆性、冷热、干湿等进行判断,以评价食品品质的优劣,也是常用的感官检验方法之一。例如,根据鱼体肌肉的硬度和弹性,常常可以判断鱼是否新鲜或腐败;评价动物油脂的品质时,常须检验其稠度等。

味觉检验是利用味觉器官(主要是舌头),通过品尝食品的滋味,来鉴别食品品质优劣的一种方法。味觉器官不但能品尝到食品的滋味如何,而且对于食品中极轻微的变化也能敏感地察觉到。例如,做好的米饭存放到尚未变馊时,其味道即有相应的改变。味觉器官的敏感性与食品的温度有关,一般在10℃~45℃较为适宜。随着温度的降低,各种味觉都会减弱,尤以苦味最为明显,而温度升高又会发生同样的减弱。在进行滋味检验时,最好使食品处在20℃~45℃,以免温度的变化增强或减低对味觉器官的刺激。几种不同口味的食品在进行感官评价时,中间必须休息;检验一种食品之后,必须用温水漱口。

(三)原料的贮存方法

烹饪原料贮存保鲜的方法较多,传统的方法有腌渍、干燥和加热等。随着现代科学技术的发展,出现了低温贮存法、气调贮藏法等新方法。

1. 低温贮存法

低温贮存法是指低于常温、在15℃以下环境中贮存原料的方法。根据贮存时采用温度的高低,又分为冷藏贮存和冷冻贮存。冷藏贮存是将原料置于0℃~10℃不结冰的环境中贮存,主要适合于蔬菜、水果、鲜蛋、牛奶等原料的贮存,以及鲜肉、鲜鱼的短时间贮存。冷冻贮存是将原料置于冰点以下的低温中，使原料中大部分水冷结成冰后再以0℃以下的低温进行贮存的方法，适用于肉类、禽类、鱼类等原料的贮存。

低温贮存法虽可以较长时间地贮存原料，但经过长期贮存后，原料的品质也会有一定的变化。主要原因是原料贮存时会失去部分水分，从而使原料的重量减轻、表面粗糙，使原料的风味、色泽、营养成分和外观等发生变化，导致品质的劣变。

2. 高温贮存法

高温贮存法是通过加热对原料进行贮存的方法。根据加热时的温度高低，又分为高温杀菌法和巴氏消毒法。高温杀菌法是一种利用高温使微生物中的蛋白质及酶发生凝固或变性而死亡，达到杀菌的消毒方法。巴氏灭菌法是一种利用较低的温度，杀死病菌又保持物品中营养物质，而食品风味不变的消毒方法。

3. 干燥贮存法

干燥贮存法是将原料中的大部分水分去掉，从而保持原料品质的一种方法。根据干燥的方法不同，可分为自然干燥和人工干燥两类。干燥贮存的原料，在保管中应注意空气湿度不可过高，防止原料回潮、变质发霉。

4. 腌渍贮存法

腌渍贮存法是利用食盐和食糖对原料进行加工后贮存的一种方法。根据所使用的腌渍液不同，又可分为盐腌和糖渍。经腌渍的原料不但贮存效果好，而且可以产生特殊的风味，改善原料的品质。

5. 气调贮藏法

气调贮藏法是指通过调整和控制食品储藏环境的气体成分和比例以及环境的温度和湿度来延长食品的储藏寿命和货架期的一种技术。在一定的封闭体系内，通过各种调节方式得到不同于正常大气组成的调节气体，以此来抑制引起食品劣变的生理生化过程或抑制作用于食品的微生物活动过程。气调主要以调节空气中的氧气和二氧化碳为主，该技术的核心是使空气中的二氧化碳浓度上升，而氧气的浓度下降，配合适当的低温条件，来延长食品的寿命。

　知识链接

冰鲜技术

冰鲜是以冰为冷却介质，将鲜水产品的温度降低到接近冰的融点进行低温保藏的一种方法。冰鲜技术，能最大限度地保留海鲜的营养与鲜美。在日本和中国台湾地区，冰鲜技术在农副产品、水产品和海产品中应用已经非常普遍；我国内地

对冰鲜技术的推广和应用才刚刚起步,但冰鲜作为一种保鲜技术的发展趋势已经得到认可。

价格档次比较高的鱼,做成冰鲜鱼的比较多。冰鲜鱼介于活鱼和冷冻鱼之间。冰鲜鱼是指鱼死了以后,没有把整个鱼体冻起来,只是铺上一层冰保鲜。所以,冰鲜水产品的手感一般是比较软的,不像冷冻水产品那么硬。冰鲜水产品量比较大的是虾类、蟹类、鱼类。从操作规程的角度来讲,冰鲜水产品应该是捕捞上来以后,经过简单的清洗,盖上碎冰即可。

三、烹饪原料的品种

(一)植物性原料

1.粮食

粮食是制作各类主食的主要原料的统称。主要包括谷类、豆类、薯类以及它们的制品原料。粮食主要用于制作主食,同时也是制作糕点和小吃的原料,还可以用来制作许多调味品。

谷类粮食主要包括稻、小麦、玉米、高粱、黍、粟等,豆类粮食的主要品种有大豆、蚕豆、豌豆、绿豆、赤豆等,薯类原料有甘薯、土豆等。粮食制品主要有米粉、米线、面筋等谷制品,以及豆腐皮、腐竹、豆腐、豆干、腐乳、豆芽等豆制品,还有粉丝、粉皮等淀粉制品。

2.蔬菜类

蔬菜是可供佐餐食用的草本植物的总称,是烹饪原料中消费量较多的一类。蔬菜既可作为制作菜肴的主料配料,又是糕点、小吃制作过程中重要的馅心原料,同时还可用于食品雕刻,成为菜点制作过程中重要的装饰、配色和点缀的原料。蔬菜可食用的部分有根、茎、叶、未成熟的花、未成熟或成熟的果实、幼嫩的种子。根据蔬菜的主要食用部位进行分类,把蔬菜分为根菜类、茎菜类、叶菜类、花菜类、果菜类和食用菌藻六大类。

根菜类以植物膨大的变态根作为主要食用部分,包括肉质直根和块根类。主要的品种有萝卜、胡萝卜、大头菜、芜菁、根用甜菜、豆薯、山芋等。

茎菜类以植物的嫩茎或变态茎为主要食用部位,包括地下茎和地上茎两大类。地下茎的原料有马铃薯、山药、菊芋等块茎类品种以及藕、姜等根茎类品种和荸荠、慈姑、芋艿等球茎类品种;地上茎的原料有莴苣、菜薹、茭白等嫩茎类品种和榨菜、球茎甘蓝等品种。

叶菜类以植物的叶片和叶柄作为主要的食用部分,包括小白菜、芥菜、菠菜、芹菜、叶用莴苣、苋菜、蕹菜、荠菜、结球甘蓝、大白菜、葱、韭菜、洋葱等品种。

花菜类以植物的花部器官作为食用部位,包括花椰菜、黄花菜、朝鲜蓟等品种。

果菜类以植物的果实或幼嫩的种子作为主要食用部位,有南瓜、黄瓜、冬瓜、丝瓜、苦瓜、瓠瓜等瓜类原料,茄子、番茄、辣椒等果类原料,以及菜豆、豇豆、刀豆、毛豆、豌豆、蚕豆等荚果类原料。

孢子植物类属于低等植物,通常以植物体全株或嫩叶以及子实体等供食用。食用蕨类以嫩叶片及叶柄供食用,包括中国蕨、紫蕨、菜蕨等;食用地衣以植物体全株供食用,包括地耳、树花等;食用菌类以子实体供食用,包括木耳、银耳、蘑菇、草菇、平菇、香菇、猴头菌、竹荪等;食用藻类以植物体全株供食用,包括海带、发菜、紫菜、石花菜、裙带菜等。

3. 果品类

果品,一般指木本果树和部分草本植物所产的可直接生食的果实,也常包括各种种子植物所产的种仁。果品在烹饪中的应用量不及蔬菜,作为菜肴的主料多用于甜菜的制作;作为菜肴的配料,可配多种原料。在烹饪中,常用的鲜果有梨、苹果、山楂、枇杷、桃、梨、樱桃、梅、草莓、柑橘、甜橙、柠檬、柚子、杨梅、菠萝蜜、杧果、龙眼、荔枝、枣、哈密瓜、椰子、凤梨、香蕉等;常用的干果有红枣、柿饼、桂圆、荔枝干、葡萄干等;常用的果仁有白果、松子、香榧(fěi)子、核桃仁、莲子、橄榄仁、甜杏仁、瓜子仁、花生仁、腰果、板栗等。

(二)动物性原料

1. 畜类原料

畜类原料指哺乳动物原料及其制品。畜类原料主要包括家畜和野畜肉、畜肉制品、乳及其制品。

家畜主要包括猪、牛、羊、马、驴、骡、兔、狗、骆驼等。家畜肉、乳类原料在人类膳食中占有重要的地位,是人体所需蛋白质的主要来源之一。

野畜主要有刺猬、野兔、獾等。

2. 禽类原料

禽类,是指人类为满足对肉、蛋等的需要,经过长期饲养而驯化的鸟类。饲养广泛的家禽主要是鸡、鸭、鹅、火鸡等。

3. 两栖爬行类原料

两栖爬行类动物,是脊椎动物中的两栖类动物和爬行类动物的合称。自然界中两栖爬行类的动物很多,但在烹饪中使用的只有牛蛙、蛤士蟆、石鸡和龟、鳖、蛇类。

4. 鱼类原料

鱼类是终生生活在水中,以鳍游泳、以鳃呼吸,具有颅骨和上、下颌的变温脊椎动物。在烹饪中常将鱼类分为淡水鱼和海产鱼。

在我国,常用的淡水鱼有鳇鱼、鲥鱼、鲦鱼、大马哈鱼、银鱼、鲫鱼、鳊鱼、团头鲂、青鱼、草鱼、鲢鱼、鳙鱼、鲇鱼、泥鳅、江团、河鳗、黑鱼、黄鳝、鳜鱼、罗非鱼等品种;常用的海产鱼的品种有鲨鱼、鳐鱼、太平洋鲱鱼、鲥鱼、鲻鱼、鳕鱼、海鳗、梭鱼、石斑鱼、鲈鱼、黄姑鱼、白姑鱼、米鱼、大黄鱼、小黄鱼、梅童鱼、加吉鱼、带鱼、鲅鱼、银鲳、马鲛鱼、鲆鱼、鳎鱼、橡皮鱼等。常见的鱼制品有鱼翅、鱼肚、鱼皮、鱼唇、鱼骨、鱼信、鱼子等。

5. 无脊椎动物类原料

无脊椎动物在烹饪中主要有以下种类:腔肠动物门、环节动物门、软体动物门、节肢动物门和棘皮动物门,包括海胆、海参、虾、蟹、鲍鱼、螺类、贻贝、蚶、江珧、扇贝、蛤蜊、牡蛎、西施舌(又称车蛤、沙蛤)、蛏子、河蚌、乌贼、章鱼等原料。

(三)调料

在烹调中,我们根据调料在菜点形成过程中所起的主要调和作用,把调料分为调味料、调香料、调色料和调质料四种。

1. 调味料

调味料是烹调过程中主要用于调和食物口味的原料的统称。在烹调中,调味料可以确定菜肴的口味,去除原料中的异味,增进菜点的色泽,增加菜肴的营养,延长原料的保存期。按照味型的区别,将调味料分为以下几类:

(1)咸味调料:常见的品种有食盐、酱油、酱、豆豉等;

(2)甜味调料:常见的品种有食糖、饴糖、蜂蜜等;

(3)酸味调料:常见的品种有醋、番茄酱、柠檬酸等;

(4)辣味调料:常见的品种有辣椒、胡椒、芥末、咖喱粉等;

(5)麻味调料:常用的是花椒;

(6)鲜味调料:常见的品种有味精、鸡精、蚝油、虾油、鱼露等。

2. 调香料

调香料主要用来调配菜肴的香味,其种类很多,各有独特的成分,在烹饪中有除异味、增香味和刺激食欲的作用。我们常用的香味调味品有八角、茴香、桂皮、丁香、孜然、香叶、迷迭香、陈皮、肉豆蔻、草豆蔻、草果、山奈、白芷及各种酒类。

3. 调色料

调色料,是指在菜点制作过程中,用来调配、增加菜点色彩的原料,包括食用色素和发色剂。食用色素有红曲色素、紫胶虫色素、姜黄素、焦糖色素等天然色素和胭脂红、苋菜红、柠檬黄、靛蓝等人工合成色素。发色剂有硝酸钠、硝酸钾。

4. 调质料

调质料通常是在菜点制作过程中,用来改善菜点的质地和形态的一类调料,包括膨松剂、乳化剂、凝固剂、增稠剂、致嫩剂等种类。

第二节　菜肴制作工艺

菜肴制作工艺,是指从食物原料的选择、加工、切配、加热、调味到装盘,制成色、香、味、形、营养俱佳的菜肴的各种烹调技术。

一、原料的选择

烹饪原料的选择,就是对烹饪原料进行质量鉴定并决定取舍的过程。原料选择是菜肴制作过程中必不可少的环节,原料的优劣直接关系到菜肴的质量。选料的目的,是通过对原料的品质、品种、部位、卫生状况等多方面进行综合挑选,使其更加符合食用和烹调要求。

(一)选料的基本原则

1.充分考虑菜品的质量要求

各种菜肴、面点、小吃对使用的原料都有严格的质量标准和规格,尤其是一些地方名菜和传统特产对原料的要求更加讲究。只有严格遵从具体菜点对原料的具体质量要求,才能保证其质量特点。在烹调时,要了解原料的各种性能,掌握具体菜肴的制作程序,针对各自的特点进行合理选择,这样既能使原料的特点得到充分体现又能使烹调技艺得以发挥。例如,爆炒的烹调方法,原料必须质地细嫩,易于成熟;而清蒸全鸡,则选用肉嫩味鲜的仔母鸡。

2.充分考虑各种原料的性质,发挥原料固有的特点和效用

烹饪原料种类繁多,每种原料的品种、生产季节不同,产品质量优劣也不同。例如,鲥鱼在每年的端午节前后最为肥美,选用这时的鲥鱼肉味最为鲜美。而地理、气候等环境因素的不同,使各地区都有各自的特产原料,如火腿选金华产的,豆瓣选四川郫县产的。即使是同一种原料,也因地区不同而出现品质差异。例如,南方的大葱与北方的大葱相比,在口感、风味上都有明显的差异。

3.充分考虑原料的营养卫生要求

选料时,对原料的营养卫生指标进行检验关系到食用的安全性和合理性,能有效防止原料可能对人体造成的有害影响。

(二)原料选择的依据

原料选择的依据,主要从原料的内在品质、成熟度、新鲜度、清洁卫生等几个方面来考虑。

1.原料的固有品质

原料的固有品质,是指原料特有的质地、色泽、香气、滋味、外观形状等外部品

质特征,以及营养物质、化学成分及组织特征等内部特征。某一烹饪原料固有品质特征越充分,就越能体现其使用价值。

2. 原料的成熟度

成熟适当的原料,能充分体现原料特有的内在品质。例如,幼嫩期的蔬菜多汁脆嫩,成熟期的水果芳香味甜,产卵前期的鱼类肥腴鲜美等,此时原料品质最佳。

3. 原料的新鲜度

新鲜度是鉴别原料品质最重要的标准之一。新鲜程度下降,原料的食用价值随之下降。原料新鲜度,可从烹饪原料的色泽、气味、滋味、外观、质地、水分含量等感官指标的变化体现出来。

4. 原料的清洁卫生

原料必须清洁卫生,才具有食用安全性。因此,必须对原料的清洁卫生程度进行鉴别。

二、原料的初加工

原料的初加工,是将烹饪原料中不符合食用要求或对人体有害的部位进行清除和整理的一种加工程序。这类加工主要有摘选、宰杀、清洗、干料涨发、分档取料、洗涤等内容。烹调原料的初加工,实际上等于是进一步精选原料,以保证菜肴质量。

(一)蔬菜类原料的初加工

对于蔬菜原料而言,原料的初加工一般都要经过摘除整理、削剔、洗涤等工序。

(二)禽畜类原料的初加工

禽畜类鲜活原料的初加工,一般要经过宰杀、煺毛或剥皮、开膛、整理内脏等加工处理。

(三)水产品的初加工

鲜活水产品的初加工,一般要经过刮鳞、去鳃和褪沙、去内脏、洗涤等处理,有的水产品还用挤的方法(如虾挤去壳取肉)、断头放血(如甲鱼)等特殊方法处理。

(四)干货原料的涨发

干货原料一般都要重新吸收水分才可使用。干货原料因属性不同,采用的涨发方法也不同。涨发方法主要有水发、碱发、油发、盐发(或沙发)等。

1. 水发

以水为介质,直接将干货原料复水的过程称为水发。根据水温不同,涨发方法主要有冷水发、热水发。

冷水发指用室温水,将干货原料直接静置涨发的过程。主要适用于一些植物性干货原料,如银耳、木耳、口蘑、黄花菜、粉丝等。热水发是将干料用热水浸泡,使其吸收水分膨胀的方法。根据干货原料的不同,热水发分为煮发、焖发、蒸发和泡发四种加热方法。

煮发是将干料放在水中加热煮沸,使其吸收水分膨胀的方法,适用于玉兰片、鱼皮的涨发。

焖发是将干料加水煮沸后保温焖炖,使其吸收水分膨胀的方法,适用于海参、鱼翅的涨发。

蒸发是将干料置于笼中,利用蒸汽加热涨发的过程,适用于一些体小易碎的或具有鲜味的原料,如干贝、蛤士蟆、乌鱼蛋、燕窝等。

泡发是将干货原料置于容器中,用沸水直接冲入容器中涨发的过程,主要适用于粉条、腐竹、虾米等的涨发。

2. 碱发

碱发是将干料在水中浸泡回软,然后放入2%～3%浓度的烧碱水或5%左右的纯碱水浓液中继续浸泡,使其膨胀的方法,适用于鱿鱼、墨鱼的涨发和蹄筋、鱼肚的漂洗浮油。

3. 油发

油发是将干料放入温油中浸泡,待其回软后再升温,使其吸热膨胀的方法,适用于猪皮、蹄筋、鱼肚的涨发。

4. 盐发(或沙发)

盐发是将干料放入温热过的盐(或沙)中加热,使其吸热膨胀的方法,适用于受潮的蹄筋、鱼肚的涨发。

(五)分档取料

分档取料是将动物性原料如禽、畜、鱼、火腿等原料,在初加工中根据成品的需要,依其肌肉组织的不同部位、不同质量,采用不同的刀法进行分割的技法。其目的是使原料符合后续加工的要求,多方位体现原料的品质特点,扩大原料在烹调加工中的使用范围,调整或缩短原料的成熟时间,便于提高菜肴质量,突出烹调特色,保证原料合理利用。

知识链接

牛的各部位及品质特点

1. 头尾部分

①头:皮多、骨多、肉少、有瘦无肥,适宜酱制。

②尾：肉质肥美,适宜炖、煮、烧等。

2.前腿部分

①上脑：肉质肥嫩,用于烤、炸等。

②前腿：肉质较老,适宜于红烧、煮、酱、制馅等。

③颈肉：质量较差,可用于红烧、炖、酱、制馅等。

④前腱子：肉质较老,用于煮、酱、红烧等。

3.腹背部位

①脊背：包括牛排、外脊、里脊。肉丝斜而短,质松肥嫩,用于烤、炸、炒、爆等。

②脯肋：相当于猪的五花肉,适用于煮、氽、红烧、粉蒸、炖、焖等。

③胸脯：一般用于红烧,较嫩的部位也可用于炒。

4.后腿部位

①米龙：相当于猪的臀尖。肉质较嫩,表面有膘,适宜炸、熘、炒等。

②里仔盖：肉质嫩而瘦,可以代替米龙用;旁边还有一块由五条筋合成的肉,俗称"和尚肉"。肉质较嫩,多用于炒、爆等。

③仔盖：用途同米龙、里仔盖相仿。

④后腱子：肉质较好,可用于红烧、酱、煮等。

三、刀工与切配

原料经过初加工,即进入刀工造型阶段。刀工造型不仅是为了好看,更重要的是为了便于入味和成熟、分割与食用,同时展现中国烹饪的高超技巧。

(一) 刀工

刀工,是指依据菜肴属性和烹制要求,结合原料构造,运用刀具对原料进行切割加工。刀工的目的是对原料分解切割,使之成为组配菜肴所需要的基本形体,为原料的成熟提供方便,使菜肴美观。

将烹饪原料加工成一定形状所采用的运刀方法叫刀法。刀法的种类很多,按刀刃与砧板或原料接触的不同角度来划分,刀法可分为直刀法、平刀法、斜刀法和其他刀法。

1.直刀法

直刀法是刀面与砧板成直角的一种用刀刀法。一般有切、剁、砍等几种。

切适用于无骨、脆性原料,如黄瓜、萝卜。切是将刀对准原料,刀面垂直推拉、上下运动。这种刀法用途比较广、技术性强。由于原料性质和烹调要求的不同,又分为直切、推切、拉切、锯切、铡切、滚料切、抖切等几种。

剁一般适用于无骨且需加工成泥茸状的原料。剁是将原料斩成茸、泥或剁成末状的一种方法。根据原料数量来决定用双刀剁还是用单刀剁。数量多的用双刀,又叫作排剁;数量少的用单刀。

砍适用于带骨或质地坚硬的原料。砍有直砍和跟刀砍等方法。

2. 平刀法

平刀法是刀面与砧板几乎成平行的、角度极小的一种用刀刀法。一般有平刀批、推刀批、拉刀批、锯批、抖刀批等几种刀技。

平刀批,又称平刀片,是利用刀锋对原料的压力将原料片开,适用于易碎的软嫩原料,如鸡血、豆腐等。

推刀批,又称推刀片。切割时需要推力和压力的配合,借助二者的合力片开原料,其力量较小,适用于脆嫩型蔬菜,如茭白、榨菜等。

拉刀批,又称拉刀片,是借助拉力和压力的合力将原料片开,适用于韧性稍强的动物性原料,如猪腰、瘦肉等。

锯批,又称为平刀推拉片,是一种将推刀片与拉刀片协调连贯起来综合运用的刀法。操作时,刀先向左前方行推刀片,接着再向右后方行拉刀片,如此反复推拉刀片,使原料完全断开。锯批适用于韧性较强或软烂易碎的原料。

抖刀批,又称抖刀片。切割时刀刃在原料内波浪式前进。它适合于片柔软而略带脆性的原料,如熟鸡蛋、蛋糕等。

3. 斜刀法

斜刀法是刀面与砧板面成大于或小于90°角的一种刀法,有正斜刀片、反刀斜片。

正斜刀片适用于软嫩而略有韧性的原料,如鸡脯、腰片、鸭胗等原料;反刀斜片适用于脆性或黏滑的原料,如猪肚、葱段等原料。

4. 其他刀法

除了平、直、斜刀法之外的刀法统称其他刀法,大多数是作为辅助性刀法使用的。这些刀法有削、剔、刮、拍、撬、铲、割、敲、剐等许多种。

(二)原料的搭配

原料的搭配,就是将经过选择、加工后的各种烹饪原料,按照一定的规格质量标准,通过一定的方式方法进行有机的搭配组合,以供烹调使用的操作程序。

科学、合理的原料搭配,可以保证食品的营养,确定食品的质量、色泽、形状、口感、价格等因素。因此,在原料的搭配过程中,尤其要注意原料的色泽、香气、口味、形状、质地等的配伍。

1. 菜肴色泽的搭配原则

色泽是反映菜肴质量的主要方面,鲜明、纯正的菜肴色泽能给人以赏心悦目的感觉。在菜肴色泽搭配时要注意以下几点:

第一,同类色的搭配,也叫"顺色配"。所配的主料、辅料必须是同类色的原料,它们的色泽相同,只是光度不同,可产生协调的效果。例如,"糟熘三白"由鸡片、鱼片、笋片组配而成,成熟后三种原料都具有固有的白色,色泽近似,鲜亮清洁。

第二,对比色的组配,也叫"花色配""异色配"。把两种或两种以上不同颜色的原料组配在一起,成为色彩绚丽的菜肴。配色时要求主辅料的色差大些,比例要适当,配料应突出主料的颜色,起衬托、辅佐的作用,使整个菜肴色泽分明,浓淡适宜,美观鲜艳,色彩和谐,具有一定的艺术性。如"三丝鸡蓉蛋",主料"鸡蓉蛋"色泽洁白,配以火腿丝、香菇丝、绿菜叶丝,色彩十分和谐,将"鸡蓉蛋"的洁白衬托得淋漓尽致。

2. 菜肴香味的组配原则

菜肴香味主要来源于三个方面:原料本身的香味,如蔬菜的清香、牛奶的乳香等;加工和烹饪过程中通过化学反应而新生成的香味,如东坡肉的醇香、茶叶蛋的茶香等;添加食用香精或调香料增香的结果。在香气的搭配中要注意以下几点:

第一,突出主料的香味。在调制香味的过程中,如主料本身具有明显、愉悦的香味,则应予以突出,而不再调以其他香味,以免降低其本身的香味。

第二,入香、增香和压抑异味。主料本身无味、味淡或具有不良气味的,则应配以其他香味来渗透丰富或压抑异味,如冷冻肉料要用红烧、干烧配以辛辣等重香。

第三,不同香味的原料搭配应得当。一些气味不同的原料搭配,可以消除不良气味而产生香味。如具有辛气的萝卜与腥膻气的牛肉同煮,则辛气和腥气同消,而产生清香的气味。

3. 菜肴口味的搭配原则

在中国烹饪中,口味是菜肴重要的质量指标,口味的调制是中国烹饪技术的核心。在调料与原料搭配时应注意以下几点:

第一,注意协调调味品的数量比例。每一种味型都有各自的调料比例,否则口味就不够纯正,甚至难以下咽。

第二,注意平衡调味品与主辅料之间的数量比例。只有这样,才能节省调料,提高经济效益。

第三,注意控制口味的厚薄度。在烹制时,要根据原料本身的新鲜度适当控制口味的厚薄度,才能更有利于激发本味,压抑异味。

4. 原料形态的搭配原则

原料形态的美观和便于食用,也是菜肴质量的评定标准。在搭配菜肴形态时,原辅料的形态要相似。一般情况下,丝配丝,片配片,丁配丁,条配条,以便于菜肴烹制时一起成熟;辅料要服从主料,辅料的形状要小于主料,以便突出主料。

5. 原料品质的搭配原则

菜肴的质感是构成菜肴风味的重要内容之一,不同质地的菜肴在使用时会产生不同的口感,进而影响人的食欲。质感是人的口腔神经、口腔黏膜对于食物的物理状态的一种感觉,这种食物物理状态,既有天然的也有人工的。如冬笋的脆嫩、木耳的滑脆、黄瓜的水嫩等,就是天然的因素;而油炸锅巴的酥脆、炖莲子的粉糯等,都是人工造成的。

菜肴的质地有软、硬、脆、嫩、老、韧等差异,在配菜时要根据它们的质地进行合理的搭配,使之符合烹调和食用的要求。在配制时,要同一质地的原料相配,即脆配脆、嫩配嫩、软配软,如"爆双脆",主料以猪肚尖、鸭肫两个脆性原料组配在一起;也有不同质地的原料相配,使菜肴的质地有脆有嫩,口感丰富,给人以一种质感反差的口感享受,如"宫保鸡丁",鸡丁软嫩,油炸花生米酥脆,质地反差极大。在制作炖、焖、烧、扒等长时间加热的菜肴时,主、辅料软硬相配的情况经常碰到,通过菜肴口感差异,使菜肴的脆、嫩、软、烂、酥、滑等多种口感风味得以体现。

四、调味与火候

调味与火候,是中国烹饪最重要的技法。

(一)调味

调味是运用各种调味料和有效的调味手段,使调料之间及调料与主配料之间相互作用,从而赋予菜肴一种新的滋味的过程。

1. 味觉

味觉是某些溶解于水或唾液的化学物质作用于舌面和口腔黏膜上的味蕾所引起的感觉。味觉一般都具有灵敏性、适应性、可溶性、变异性等基本性质,它们是控制调味标准的依据。不同的味觉有不同的呈味值,如咸味的最低呈味值为0.2%,甜味的最低呈味值为0.5%,苦味的最低呈味值只需0.00015%。不同的温度对人体的味觉也有影响,人体对甜味的感觉在28℃~33℃时最为强烈;随着温度的升高或降低,甜味对味蕾的刺激减弱。

2. 味的分类

我国菜肴以味型丰富著称。根据呈味物质作用于味觉器官而产生的味觉,我们把味分为基本味和复合味两类。

基本味就是未经复合的单一味,如咸、甜、酸、辣、苦、香、鲜等。复合味就是含有两种或两种以上滋味合成的味,主要有以下几种:

咸鲜味,主要用精盐、味精调制而成,根据不同菜肴的风味要求,也可酌加酱油、白糖、香油及姜、胡椒粉等,特点是咸鲜清香。调制时,须注意咸味适度,突出鲜味。

甜酸味,也叫糖醋味,以糖、醋为主要原料,辅以精盐、酱油、姜、葱、蒜等调制而成,特点是甜酸味浓,回味咸鲜。调制时,要以适量的咸味为基础,重用糖、醋,以突出酸甜味。

咸甜味,主要以精盐、白糖、料酒调制而成,特点是咸甜并重,兼有鲜香,多用于热菜。调制时,咸甜两味可有所侧重,或咸味重于甜味,或甜味重于咸味。

酸辣味,多用于热菜,特点是醇酸微辣,咸鲜味浓。调味品的选用需根据不同的菜肴而定,一般以精盐、醋、胡椒粉、味精、料酒为主。调制时,要以咸味为基础,酸味为主,辣味相辅。

麻辣味,主要用辣椒、花椒、精盐、味精、料酒调制而成,特点是麻辣味厚,咸鲜而香。根据不同的菜式,辣椒和花椒的运用又分为干辣椒、泡辣椒、辣椒粉、花椒粒和花椒面等。

家常味,用于热菜,以豆瓣酱、精盐、酱油等调制而成,也可酌加辣椒、料酒、豆豉、甜酱、味精等,特点是咸鲜微辣。

鱼香味,主要以泡红辣椒、精盐、酱油、白糖、醋、姜、蒜、葱调制而成,可用于冷、热菜,特点是咸甜酸辣兼备,姜、葱、蒜香浓郁。

怪味,咸、甜、酸、辣、鲜、香、麻并重,主要以精盐、酱油、花椒面、白糖、醋、芝麻酱、香油、味精等调制而成。调制时,要求比例恰当,互不压抑。

**知识链接**

四川风味中常用的复合味型

(1)家常味型:用川盐、郫县豆瓣、酱油、料酒、味精、胡椒面等调料调制而成。口感咸鲜微辣,如生爆盐煎肉、家常臊子海参、家常臊子牛筋、家常豆腐等菜肴的味型就是家常味型。

(2)麻辣味型:用川盐、郫县豆瓣、干红辣椒、花椒、干辣椒面、豆豉、酱油等调料调制。口感麻辣咸鲜,如川菜中的麻婆豆腐、水煮牛肉、麻辣牛肉丝、四川火锅等菜肴的味型都属于麻辣味型。

(3)煳辣味型:以川盐、酱油、干红辣椒、花椒、姜、蒜、葱等调料制作而成。特点是香辣,口味以咸鲜为主,略带甜酸,如宫保鸡丁、宫保虾仁、宫保扇贝、拌煳辣肉片等菜肴。

(4)鱼香味型:用川盐、酱油、糖、醋、泡辣椒、姜、葱、蒜调制。口感咸辣酸微甜,具有川菜独特的鱼香味,如鱼香肉丝、鱼香大虾、鱼香茄饼、鱼香酥凤片、鱼香凤脯丝、鱼香鸭方等菜肴。

(5)姜汁味型:用川盐、酱油、姜末、香油、味精调制。特点是咸鲜清淡,姜汁味浓,如姜汁仔鸡、姜汁鲜鱼、姜汁鱼丝、姜汁鸭掌、姜汁菠菜等。

（6）荔枝味型：主要以川盐、酱油、白糖、醋、胡椒面、味精等调料制作而成。口感是咸味为主，略带甜酸，如锅巴三鲜、锅巴海参、泡辣椒鸡丁、荔枝肉片等。

（7）椒麻味型：主要用川盐、酱油、味精、花椒、葱叶、香油等调料调制。特点是咸鲜味麻，葱香味浓。一般为冷菜味型，如椒麻鸡片、椒麻鸭掌、椒麻鱼片等。

（8）怪味味型：主要以酱油、白糖、醋、红油辣椒、花椒面、芝麻酱、熟芝麻、味精、胡椒面、姜、葱、蒜、香油等调制。特点是咸、甜、鲜、酸各味兼备，麻辣味长。一般作为冷菜味型使用，如怪味鸡丝、怪味鸭片、怪味鱼片、怪味虾片、怪味青笋等菜肴。

3. 调味的原则

调味时要掌握以下五条原则：

第一，调味品的分量要恰当，投料适时。调味时，必须了解菜肴的口味特点，所用的调味品和每一种调味品的分量要恰当。哪些调味品要先下锅，哪些后下锅，都要心中有数。要求时间定得准，次序放得准，口味拿得准，用量比例准。

第二，根据人们的生活习惯来调味。不同地区、不同国家的人群，因气候、物产、生活习惯的不同，口味各有其特点。在我国，江苏人口味偏甜，山西人喜食酸，四川人、湖南人好辣，北方人的口味较咸。所以，人们在口味上的差别很大，调味时应根据人们的要求，科学地调味。

第三，根据季节变化来调味。随着季节、气候的变化，人们的口味也有所改变。夏天人们喜欢吃清淡一些的菜肴，冬天人们则喜欢口味浓厚、颜色较深的菜肴。因此，我们必须在保持菜肴风味的前提下，根据季节变化灵活调味。

第四，根据菜肴的风味特点来进行调味。在烹调过程中，要根据地方风味的不同要求进行调味，以保持传统名菜的口味特点。

第五，应根据原料的不同性质来调味。对不同的原料调味时，要根据原料的性质区别对待。例如，新鲜的原料应突出本身的滋味，不能被浓厚的调味所掩盖；带有腥膻气味的原料，要适当加入一些调味品，以解膻去腥；而对一些本身无鲜味的原料，要加入高汤以及其他调味品，以补其鲜味的不足。

（二）火候

火候就是加热时火力的大小和时间的长短。在烹制菜肴时，由于原料的质地有老嫩之分，形状有大小、厚薄之别，菜肴要求有脆嫩酥烂之异，因此，需要运用不同的火力和时间来烹制菜肴。

烹调过程中，热能通过传导、对流和辐射三种方式来实现，传热介质有水、油、蒸汽、辐射、盐或沙。

火力是就燃烧的烈度而言的。善于鉴别火力的大小，是准确掌握火候的前提。

一般把火力分为旺火、中火、小火、微火四类。火力的大小主要从火焰的高低,火光的明、暗,热气的大小以及不同的火色等来鉴别。旺火即大火,火焰高而稳定,光度明亮,热气逼人;适用于快速烹制,使原料香脆软嫩,如爆、炒、涮的菜肴,主料多以脆、嫩为主,如葱爆羊肉、涮羊肉、水爆肚等。中火即温火,火焰低而摇晃,热气重,光度稍暗;一般用于较慢的烹制,如熬、煎、贴等。小火即微火,火焰细小,时有起落,光度发暗,热气不重;一般用于较长时间的烹制,如炖、煨、焖等。微火,有火无焰,火力微弱;除用于特殊要求等菜肴的炖、煨、熬外,一般仅用来做汤汁保温之用。

在烹制菜肴的过程中,火候的掌握要根据原料的性状、制品要求、传热介质、投料数量、烹调方法等因素,结合烹调实践来准确地控制火力的大小和加热时间。例如,质老形大的原料要用大火,时间要长;而质嫩形小的原料用旺火,时间要短;要求脆嫩的菜肴用旺火,时间要短;要求酥烂的菜肴用小火,时间要长;采用炸、熘、炒、爆烹调方法的菜肴须用旺火,时间要短;而用炖、焖、煨法的菜肴,需用中、小火,烹制时间要长。

五、烹调技法

菜肴的烹调就是将切好的原料,用加热和调味的综合方法,制成不同风味菜肴的操作技法。它是制作菜肴过程的最后一道工序,也是我国烹饪工艺的核心。

下面我们根据传热介质,着重介绍我国烹饪中普遍使用的主要烹调技法。

（一）以油为主要传热介质的烹调法

1. 炒

炒,是将加工成片、丁、丝等小型原料投入少量油的锅中,用旺火快速翻炒成熟的烹调方法。此法适用于各种鲜嫩易熟的原料,加热时间短,火力旺,制品质地细嫩或干香。根据主料性质、加热方式、调味等的不同,可分为生炒、熟炒、滑炒和软炒等。

（1）生炒,生原料直接用旺火热油煸炒而成,不需上浆,不用腌渍,不勾芡,如"盐煎肉",其特点是质地鲜嫩,清爽利口。

（2）熟炒,原料经热处理后加工成片、丁、条等形状,然后以少量食用油为传热介质,用旺火快速成熟的一种烹调方法,如"回锅肉"。

知识链接

回锅肉的烹调方法

回锅肉是川菜的一款传统菜式。回锅肉的特点是口味独特,色泽红亮,肥而不腻。

主料:猪后腿肉。

辅料:青蒜苗。

调料:豆瓣酱、豆豉(以永川豆豉为代表的黑豆豉及郫县豆瓣)、料酒、白糖、味精。

制作方法:

(1)肉的初步熟处理:冷水下肉,旺火烧沸锅中之水,再改中小火煮至断生,捞起自然晾凉。煮肉时,应该加入少许大葱、老姜、料酒、精盐,以便去腥。

(2)将青蒜切成马耳朵形,肉切成大薄片,一般长约8厘米,宽5厘米,厚0.2厘米。

(3)锅内放少许油,下白肉,煸炒,肥肉变得卷曲,起灯盏窝,下豆瓣酱和甜面酱,炒香上色,再下青蒜苗,加入少许豆豉(需剁碎)、白糖、味精,即可。

注意事项:

(1)肉要冷后再切,否则易碎(要的匆忙可以用自来水冲凉)。

(2)甜面酱用水按1:2的比例进行稀释后再用,甜面酱和酱油起到调色和增香之用,适量即可,注意菜的咸味。

回锅肉

(3)滑炒,是经过精细加工的小型原料先经上浆滑油,再用少量油在旺火上急速翻炒,最后对汁或勾芡的一种烹调方法,如"鱼香肉丝""滑炒里脊丝"等菜的烹调方法都属于此法。

(4)软炒,是加工成黏稠状流体、泥茸或颗粒状的半成品原料,经调味后再以少量温油翻炒,使之凝固并成熟的一种烹调法,如"炒鲜奶""三不粘"等。

2.炸

炸,是用大量食用油作为传热介质,用旺火加热使原料成熟的烹调方法。其特点是用油多,火力旺,多挂糊,无芡汁。根据挂糊情况和过油方式,可分为清炸、干炸、软炸、酥炸、松炸等多种。

(1)清炸,是将原料用调味品腌渍后,不挂糊或拍粉,直接用旺火热油炸制的一种烹调方法,如"脆皮鸡"。

(2)干炸,是先用调味品腌渍原料,再拍干粉或挂糊,然后投入油锅里用旺火炸制的一种烹调方法,如"干炸里脊""干炸响铃"。

(3)软炸,先将原料用调味品腌渍后挂上用蛋液、面粉等制成的糊,再用旺火热油炸制,最后复炸的一种烹调方法,如"软炸虾仁"。

(4)酥炸,原料用调味品腌渍后,挂酥炸糊后,用旺火热油制熟或原料蒸熟、煮熟,再用旺火热油一次炸熟的方法,如"香酥鸭"。

(5)松炸,原料用调味品腌渍后挂蛋泡糊,入温油锅内,用中火复炸成熟的一种烹调方法,如"松炸口蘑""松炸鱼片"。

3. 烹

烹,是将炸后的原料淋上对汁芡,旺火收汁成菜的一种烹调法。此法适用于新鲜细嫩的原料,原料形状不宜太大。成品外酥香,里鲜嫩,清爽不腻,如"炸烹大虾"等。

 **知识链接**

炸烹大虾的制作

炸烹大虾是山东地区汉族传统名菜之一。

主料:对虾。

辅料:淀粉、冬笋。

调料:料酒、酱油、醋、大葱、姜、香油、味精、花生油。

制作方法:

(1)把对虾洗净,去头、须、甲;用刀从脊背处划开,抽出沙线,再洗一次;剁成寸段。

(2)冬笋切成片。

(3)将料酒、酱油、味精、淀粉、葱米、姜米、冬笋片、白汤少许放一碗内,调成芡汁。

(4)炒勺上火,倒入花生油,烧至七八成热时将虾段拌匀湿淀粉,放入油内炸透,呈金黄色时,倒出沥油。

(5)再将虾段回勺上火,用醋烹一下,随即倒入配好的芡汁,颠翻均匀,淋入香油,装盘即可。

操作要领:

(1)大虾开背后,腌制的时间要在半小时以上,否则不入味。

(2)成菜要连贯一气呵成,炸完就炒,炒完就吃,否则不脆。

4. 爆

爆,是将脆性无骨原料加工成一定形状,以中量油(或沸水)为传热介质,用旺火高温快速加热的一种烹调方法。此法适合脆嫩的动物性原料,原料应加工成片、丝、丁或花刀形状等。成品脆嫩爽口,芡汁紧裹。根据所用调料、辅料的不同,可分为油爆、芫爆、酱爆、汤爆等几种。

(1)油爆,是将加工成丁、丝、片等的小型原料,以中量油为传热介质,用旺火、热油快速将原料制熟的一种烹调方法,如"油爆双脆""油爆海螺"等。

(2)芫爆,是以芫荽(香菜)作为配料,以食用油为传热介质,用旺火速成的一种烹调方法,如"芫爆里脊""芫爆鱿鱼卷"等。

(3)酱爆,是指用甜面酱、黄酱或腐乳汁等调料爆炒原料的一种烹调方法,如"酱爆鸡丁"。

(4)汤爆,是以沸汤(或沸水)作为传热介质使原料快速成熟的一种烹调方法,如"汤爆肚仁"。

5. 熘

熘,是将原料根据菜肴的要求,选择不同的加热方法,至原料成熟,然后调制卤汁浇淋在原料上,或将原料投入卤汁中搅拌的一种烹调方法。熘菜肴,一般卤汁较宽。根据用料和操作过程的不同,熘可分为脆熘、滑熘、软熘等几种。

(1)脆熘,又叫焦熘,是将加工成片、条、块、球等形状的原料,用调味品腌渍入味,挂糊或拍粉后,用旺火热油炸脆,浇上卤汁的一种烹调方法,如"焦熘肉片""糖醋里脊"等。

(2)滑熘,是将主料上浆,滑油后再用适量的汁芡烹制的一种烹调方法,如"滑熘里脊片"等。

(3)软熘,是指经过蒸熟或煮熟的原料,再加入调味品和水调制的卤汁而烹制菜肴的一种烹调方法,如"西湖醋鱼""软熘鲤鱼"等。

6. 煎

煎,是将原料用少量油加热,至原料两面金黄而成熟的一种烹调方法。煎法适用于扁平状或加工成扁平状的原料,菜肴无汤无汁。成品外香酥,里软嫩,色泽金黄,如"虾仁煎蛋""清煎鱼片"等。

7. 贴

贴,是将原料单面煎后,再淋汁的一种烹调方法。贴的方法,多是将2至3种原料叠加后煎熟的,原料必须选用无筋无骨、质地鲜嫩、无异味的材料,多加工成片状。成品一面香脆,一面软嫩,如"锅贴虾饼"等。

8. 塌

塌,是把原料两面煎黄后,再淋汁的一种烹调方法。此法要将原料加工成扁平状或长方形,用少量油小火煎制。成品质地鲜嫩,味道醇厚,色泽金黄。代表菜有"锅塌豆腐"。

知识链接

锅塌豆腐

锅塌豆腐是山东经典的菜式。锅塌是鲁菜独有的一种烹调方法,其特点是色泽深黄色,外形整齐,入口鲜香,营养丰富。

主料:豆腐。

辅料:鸡蛋、面粉。

调料:大葱、姜、植物油、盐、味精、料酒适量。

制作方法:

(1)豆腐切成片,加盐、味精腌制10分钟后,放入面粉两面沾裹均匀,沾上一层蛋汁备用。

(2)炒锅烧热,加500克油烧至五成热时,下豆腐片炸至皮色金黄即捞出。

(3)锅内另放油10克,用大火烧热,下葱花、姜末爆香,加酒、高汤、盐、豆腐,再将豆腐翻个面便可出锅。

(二)以水为主要传热介质的烹调法

1. 烧

烧,就是将初步热处理的原料,加入适量汤水和调味品,用旺火加热至沸,改中小火烧透入味,最后用旺火收浓卤汁的一种烹调方法。烧制菜肴多选用不易成熟的原料,加工成条块等形状或整只、整条的原料,成品质地软嫩、汁浓味厚。根据调料、辅料的不同和烹制过程的不同,此法可分为红烧、白烧、干烧等。典型的菜品有"红烧肉""干烧鲫鱼"等。

2. 煮

煮,是将原料放入多量的鲜汤或清水中,用旺火煮沸,再改用中火或小火加热,使原料成熟的一种烹调方法。煮制菜肴的汤汁较宽,不需勾芡,汤菜各半,口味清鲜,如"大煮干丝""白煮肉片"等。

3. 焖

焖,是将原料经过初步热处理后,加入调味品和汤汁用旺火烧至沸腾,再加盖用小火长时间加热成熟的一种烹调方法。焖制的菜肴,汤汁要适当,中途不宜多次揭盖或加换汤水。成菜形态完整,不碎不裂,汁浓味厚,酥烂鲜醇,如"板栗焖鸡块"。

4. 煨

煨,是将质地较老的原料,加入调味品和汤汁,用小火长时间加热使原料成熟,汤汁浓白的一种烹调方法。煨制菜肴的汤汁较宽,不勾芡,调味品多最后放入。成菜质地酥烂,汤汁浓白,口味醇厚,如"茄汁煨牛肉"等。

5. 扒

扒,是将经过加热处理后的主料整齐地排列在锅里,再加入调味品和鲜汤加热至成熟,用旺火勾芡使菜肴排列整齐的一种烹调方法。扒制菜肴,要注意原料的整齐和完整,成熟后多数勾芡,出锅前大多数要大翻勺。成菜外形美观、整齐,色艳味浓,质地酥软,如"鸡油扒菜心""奶油扒三白"等。

6. 烩

烩,是将多种原料加适量汤汁用中火加热至熟的一种烹调方法。烩菜所用原料,大多数已熟或半熟。成菜汤厚汁宽,口味鲜浓,色彩鲜艳,如"五彩素烩""竹荪烩鸡片"等。

7. 汆

汆,是把主料加工成小块形状或丸子,以沸汤或沸水为传热介质,用旺火速成的一种烹调方法。汆制菜肴,必须选用鲜嫩无异味的原料,加工成条、丝、片等形状。成菜汤多而清鲜,质嫩而爽口,如"汆鱼圆"。

8. 涮

涮,是以沸汤为传热介质,在特殊烹调器具中,由进食者自烹自食的一种烹调方法。涮时,火锅里的汤要始终沸腾,原料大多切成片状,根据食者的口味,自己调配作料和掌握涮菜的时间。著名的菜肴有"什锦火锅""涮羊肉"。

9. 炖

炖,是以鲜汤或清水为传热介质,将原料用大火加热至沸腾,再改用小火长时间加热到熟烂的一种烹调方法。炖制菜肴,多为韧性强的动物性原料和质地坚硬的块状植物性原料,半汤半菜,不需勾芡。成品质地软烂,汤汁清醇,原汁原味,如"清炖鸡"。

(三)以水蒸气为主要传热介质的烹调法

1. 蒸

蒸,是以蒸汽为传热介质,将经过调味的原料加热成熟或酥烂入味的一种烹调方法。蒸制的原料必须新鲜无异味,要根据原料质地和形态掌握火力和蒸制时间。如质嫩的,应用旺火速蒸;质老形大的,则需旺火沸水长时间蒸。成菜的特点是酥烂鲜香,形状完整,原汁原味,如"清蒸鲜鱼"。

2. 烤

烤,是将原料经过腌渍或加工成半熟制品后,直接利用辐射热加热成熟的一种烹调方法。烤制原料大多为整只、整条的原料,必须先用调味品腌渍入味或在表皮涂抹上一层上色原料。根据烤炉设备和操作方法不同,烤分为暗炉烤、明炉烤和间接烤等。成品的特点是外酥脆,里鲜嫩,色泽金黄光亮,口味清香或浓烈,如"烤乳猪""烤肉""北京烤鸭"。

(四)其他烹调方法

1.盐焗

盐焗,是将腌渍入味的原料,用纸或其他原料包裹,埋入灼热的盐粒中,使原料成熟的一种烹调方法。焗制时,原料多选用质嫩易熟的,盐粒要不断翻动,始终保持一定温度。成菜的特点是肉香骨酥,味道鲜美,如"盐焗鸡"。

2.拔丝

拔丝,是将经过油炸的小型原料,挂上能拔出丝来的糖浆的一种烹调方法。拔丝的常见方法有水拔、油拔、水油混合拔三种。原料必须加工成小块、小片、小丸子等形状。成菜外脆里嫩,色泽金黄,香甜可口,如"拔丝香蕉""拔丝苹果"。

3.挂霜

挂霜,是将经过油炸后的小型原料,粘上一层似粉似霜的白糖的一种烹调方法。挂霜的锅子一定要洗净,熬制的糖液必须用水和糖制成。成菜外洁白似霜,食之松脆香甜,适宜冷食,如"挂霜花生"。

4.蜜汁

蜜汁,就是用白糖和水把原料熬制成入口肥糯的带汁甜菜的一种烹调方法。适用于部分水果、蔬菜和动物性原料及其制品。制作中,部分原料要预加工,如莲子要现烧酥。成品菜的特点是酥糯香甜、糖汁稠浓可口,如"蜜汁山药"。

(五)冷菜烹调方法

1.拌

拌,是把新鲜原料经焯水或过油或蒸煮等熟处理后晾凉,直接与调味品拌和成菜的一种烹调方法。此法适用于动、植物性原料及其制品,多加工成片、丁、丝、块、条等小型形状。制作时,应保持原料的细嫩色泽,多用葱油、麻油、辣油等增加光泽。成品菜鲜嫩香脆,清新爽口,色泽鲜艳,如"蒜泥黄瓜""麻辣肚丝"。

2.腌

腌,是以盐为主要调味品搓或拌原料,静置入味的一种烹调方法。腌制时,原料多为整形,适用于肉类和蔬菜。除盐外,还可加入糖、辣椒、酒和香料。成品菜,或清香或醇厚,具有浓郁的乡土风味,如"腌白菜""腌咸鱼"。

3.醉

醉,是以酒为主要调味品,将新鲜的或焯水断生后的原料,浸泡成菜的一种烹调方法。适用于活的虾、蟹、贝类及熟处理过的禽类。除酒外,还可加入盐、柠檬汁、冰和香料等。成品菜酒味香醇,如"醉虾""醉蟹"。

4.糟

糟,是以糟卤为主要调味料,将新鲜的或经过初步熟处理的原料浸渍成菜的一种烹调方法。适用于鲜嫩的动物性原料。调味料除香糟外,还有黄酒、盐、糖和香料。成品菜,糟香浓郁,色泽或清纯或红亮,如"糟凤爪""糟鸡"。

第三节　面点制作工艺

面点,是用各种粮食(米、麦、杂粮及其粉料)等原料,配以蔬菜、果品、鱼、肉等制成的馅料,经成形、加热熟制而成的具有一定色、香、味、形的米面食品、小吃或点心。

中国面点特色分明,流派众多,技艺精湛,品种繁多,应时当令,食用方便。在选料、口味、制法上,形成了不同的风格和浓郁的地方特色,最具代表性的风味流派有京式、苏式、广式和川式等。

京式面点分为大众风味和宫廷风味两种。京式面点多以面粉为主要原料,最擅长于面食品的制作,它的四大面食是:抻面、刀削面、拨鱼面、小刀面。此外,京八件、清油饼、都一处烧卖、肉末烧饼、千层糕、猫耳面、艾窝窝等都享有很高的声誉。京式面点的主要特点是口味鲜咸、柔软松嫩;在包馅制品中,以水打馅为主,馅心肉嫩汁多,具有特殊的风味。

苏式面点以苏州为代表,在制作上讲究形态和造型,船点是苏式面点的代表作。苏式面点的主要特点是讲究味道,口感上强调清爽,馅心口味厚、色泽深、略带甜;在调馅时,馅心多掺冻,达到成品汁多肥嫩,味道鲜美的效果。苏式面点的代表制品有:淮安文楼的汤包、扬州的三丁包子、镇江的蟹黄汤包、无锡的小笼包等制品等。

广式面点是在岭南小吃的基础,广泛吸取各地面点和西式糕饼技艺发展而成的。广式面点的特点是用料精博,品种繁多,款式新颖,口味清新多样,制作精细,能适应四季节令和各方人士的需要。其代表名品有:鲜虾荷叶饭、绿茵白兔饺、煎萝卜糕、皮蛋酥、冰肉千层酥、酥皮莲蓉包、刺猬包子、粉果、及第粥、干蒸蟹黄烧卖等。

川式面点是指长江中上游,川、滇、贵等地制作的面食和小吃。川式面点的特点是用料广泛、精工细作、口感丰富,注重咸甜麻辣酸。川式面点的代表名品有龙抄手、钟水饺、担担面、叶儿粑等小吃。

一、面点制作的工艺流程

面点制作,首先进行原料准备,然后调制面团,通过搓条、下剂、制皮、上馅及成形等一系列过程制成面点生坯,再经熟制后方为成品。

(一)原料选备

原料的选备,是面点制作最基本、最重要的一道工序,是决定成品质量、风味特色的基本物质条件。选择原料时,要熟悉各种原料的性质、特点、工艺性能及用途,要恰当地选择原料,达到物尽其用。

粉料是用于调制面团的主要原料,主要有面粉、大米粉、杂粮粉、淀粉、果蔬粉等;辅助原料,在面团中可以改善面团性质,使成品具有良好的色、香、味、形。面点制作中,常用的辅助原料有油脂、糖、蛋品、乳品、水、食盐、疏松剂、食用色素等。制馅原料可以增加面点的花色品种和营养价值。凡可烹制菜肴的原料,均可用于馅料的调制。

(二)面团调制

面团调制是面点制作的第一道工序。根据面点对皮坯性质的要求,采用一定的方法将皮坯原料调制成均匀混合的团或浆。根据调制介质和面团形成特性,面团有水调面团、油酥面团、浆皮面团、膨松面团等。

不同的面团,其工艺性能不同,对调制的要求也不同。冷水面团,要求有良好的筋力,富有弹性、韧性;在面团调制时,可采用揉、捣、摔、揣等操作手法,使面团均匀吸水,充分形成面筋,面团变得光滑、柔润。干油酥面团调制时,要采用擦的方法,促进面粉与油脂均匀混合;油酥面团,要求有良好的酥性,调制过程中要尽量避免面筋的生成,可采用翻叠的方式和面,并要求快速。浆皮面团的组织细腻松软,要求具有良好的可塑性,无韧性和弹性,成形后花纹清晰、光洁;揉擦不宜过度,防止面筋生成;在操作中要求将碱水与糖浆、油脂混匀后再加入面粉,严禁加水。膨松面团要将面团温度保持在30℃左右,充分揉制,使面团具有较强的弹性和持气性,蓬松可口。

(三)制馅

制馅是面点制作中一道极为重要的工序。馅料不仅决定面点的风味,还可丰富面点品种,与面点成形、装饰美化都有非常重要的关系。

面点馅心用料广泛,制法多样,种类繁多。按口味分,馅心可分为咸馅、甜馅和甜咸馅三大类。甜馅,一般以白糖、红糖、冰糖等为主料,再加进各种蜜饯、果料以及含淀粉较多的原料,通过一定的加工制成;咸馅,用料极为广泛,蔬菜、禽肉、畜肉、鱼虾、海味等均可用于制作馅料,是以咸味为主的馅心的总称;甜咸馅,是在甜馅的基础上稍加食盐或咸味原料(如香肠、腊肉、叉烧等)调制而成的。

（四）面点成形

面点成形包括成形前的基本操作和成形两部分。成形前的基本操作包括搓条、下剂、制皮、上馅等工艺过程,为面点最后成形打下基础。面点成形可通过手工成形法或模具成形法塑造成一定的形状,还可通过装饰成形法对面点进行装饰美化。

（五）面点熟制

面点熟制是将成形的面点生坯,经过熟制而制成成品的工序。熟制方法有单加热法和复合加热法。一般以单加热法为主,有蒸、煮、炸、煎、烙、烤等。熟制过程中,要掌握好火力和加热时间,以保障成品良好的色、香、味。

二、面点成形工艺

面点成形是面点制作技术的重要内容之一,具有较高的技术性和艺术性。面点成形是指将调制好的面团或皮坯按照品种要求,包上馅心或不包馅心,运用各种方法,形成多种多样成品或半成品的操作过程。面点成形包括成形前的基本操作和成形两部分。面点的成形手法多种多样,基本上可以分为手工成形技法、模具成形技法、装饰成形技法等。

（一）成形前的基础操作技能

面点成形的技术动作较为复杂。和面,是整个面点制作的最初一道工序。和面的手法,大体可分为抄拌法、调和法、搅拌法三种。和面时,要求动作迅速、干净利落、面粉吃水均匀,要做到手不沾面,面不沾缸。

揉面是调制面团的关键,可以使面团进一步均匀、柔润、光滑。揉面的手法主要有揉、捣、揣、摔、擦、叠六种。揉面时,既要有劲又要揉"活",要顺着一个方向揉,不能随意改变。揉面时间要视品种的吃水情况而定,筋力大的面团,要求多揉;捣面时,用力要匀,劲要大,使面团产生更好的筋力;擦面应用掌根一层层地向前推擦,使面团结构均匀;叠面团时,时间不能太长,防止产生筋力。

搓条是将揉好的面团搓成长条的一种技法。搓条时,要搓揉结合,边揉边搓,使面团始终保持光滑、柔润。搓条时,两手着力要均匀,两边用力要平衡,防止一边大、一边小,要用掌根压实推搓,不能用掌心。

下剂,是指将搓条后的面团分割成适当大小的坯子。下剂要大小均匀、重量一致,在操作上有揪剂、挖剂、拉剂、切剂、剁剂等各种技法。

面点中许多品种需要制皮,通过制皮便于包馅和进一步成形。制皮的方法多种多样,归纳起来有按皮、拍皮、捏皮、摊皮、压皮、擀皮等方法。

上馅,是指通过各种方法把馅心放在制成的坯皮中间的过程。上馅是包馅面点制作时一道必有的工序。上馅的好坏,直接影响成品质量。根据品种的不同,上馅的方法大体有包馅法、拢馅法、夹心法、卷馅法、滚沾法和酿馅法等。要根据不同品种的要求,掌握不同的上馅方法,并根据不同品种的特点,合理掌握装馅的数量和方法。成形后馅心应在中间,不能偏。

(二)手工成形技法

手工成形技法是面点成形的主要方法,其种类很多,制作精巧细致。手工成形的主要技法如下:

搓,分为搓条和搓形。搓形是一种基本的比较简单的成形技法,一般用于搓馒头和搓麻花。

卷,是将擀好的面片或皮子,按品种的需要抹上油或馅,或直接根据品种的要求卷成不同形状的圆柱形长条,形成层次,再用刀切块制成成品或半成品的一种方法。卷有单卷、双卷两类。卷时两端要整齐,粗细均匀。

擀,是将面团生坯擀成片状的一种方法。擀是面点制作的基本技术动作,主要用于各类皮子的制作及面条、饼类的擀制等。擀分为按剂擀和生坯擀两种。擀时,用力要适当,要擀圆,保证各个部位厚度基本一致。

包,是将制好的皮子包入馅心使之成形的一种方法。大包、馅饼、馄饨、烧卖、春卷、粽子等均采用此法。包的方法常见的有无缝包法、包拢法、包捻法、包卷法、包裹法等。包时,馅心要在皮的中间,皮子的厚薄要匀,要包紧、包严、包正。

捏,是将包入馅心或不包馅心的坯料,经过双手的指上技艺,按照设计形态要求进行造型的一种方法。捏是在包的基础上进行的,有挤捏、捻捏、叠捏、扭捏、花捏等多种手法,具有较高的艺术性。

叠,是将经过擀制的坯料,经过叠制,分层间隔,形成层次的半成品形态的一种方法。叠多与擀配合使用。叠分为对叠、多次折叠两大类。

摊,是将较软或糊状的坯料,放入经过加热的洁净平底锅具内,使锅体温度传给坯料,经过旋转,使坯料形成圆形成品或半成品的一种方法。摊主要用于煎饼、春卷、蛋皮等品种的制作。摊制时,手法要灵活,保证成品厚薄均匀,规格一致,形状整齐。

切,是用刀具把调好的面团分割成符合成品或半成品要求的方法。切主要用于刀削面。切面有手工切面和机器切面两种。

抻,是把调好的面团搓成长条,用双手拿住两头上下反复抛动、扣合、抻拉,将大块面团抻拉成粗细均匀,富有韧性的条、丝形状的方法。抻的技术性较强。

滚沾,是将馅料表面洒上水,入干粉内使之不停滚动,让馅料沾上粉,粉料包裹馅心的一种成形法。滚沾,一般用于北方元宵的制作。

（三）模具成形法

模具成形是指利用各种模具，使坯料或半成品形成各种面点造型的方法。模具成形有生坯成形和熟制成形两种情况。

1. 印模成形

印模是用木头等刻的凹模，有各种形状（圆形、方形、桃形等），在凹模内刻有各种形状的花纹、字样等图案。印模成形，是将包好的生坯放入模具中，用手按压，使之形成图案一致的半成品，然后磕出再进行熟制的一种方法。此法主要用于月饼、水晶饼等品种的制作。

2. 卡模成形

卡模成形是将调制好的面团擀成制品所需要的厚度，用卡模卡在面坯上，卡出规格一致、形状相同的半成品，然后再进行熟制的一种方法。此法主要适用于各种花样饼干及广点中一些酥皮点心的制作。

3. 胎膜成形

胎膜成形是在模具中的熟制成形，即将胎膜内侧刷油，然后将制好的生坯或调好的面团放入胎膜内，再经过烤或蒸制便可制得具有胎膜形状的面点。此法主要适用于各种方形面包和各式简单花形蛋糕的制作。

4. 钳花成形

钳花是运用花钳类的小工具整塑成品或半成品的方法，是将包好的生坯用一定形状的花钳或剪刀，在生坯的表面钳出花纹或剪出花瓣，从而美化面点的形态，丰富面点的品种。例如，螺丝包、荷花包、船点包等的成形便用此法。

（四）装饰成形技法

1. 镶嵌

镶嵌是面点装饰的一种技法，主要是在制品外部或内部镶嵌上可食性的原料作点缀。镶嵌成形法分为直接镶嵌法和间接镶嵌法。在山东面点中应用较多，如寿桃、面鱼、各种小动物、发糕等都镶嵌了一些可食性原料，以进一步美化制品的形态。

2. 裱花

裱花是装饰制品外表的技艺性方法。裱花的主要方法是挤注，原料是油膏或糖膏，大多用于西式蛋糕的制作。通过特制的裱花嘴和熟练的技巧，裱制出各种花卉、树林、山水、动物、果品等，并配以图案、文字等。

3. 拼摆

拼摆是指在生坯的底部、上部或内部，运用各种辅助原料拼摆成一定图案的过程。拼摆是面点装饰技法之一，与镶嵌技法相互协调美化面点的形态。拼摆的原料，多以果料为主，颜色搭配要协调美观，形状基本一致。

4. 立塑

立塑是面点进行立体造型或立体装饰的手法，其手法灵活多变，多和手工成形法配合使用。

三、面点熟制工艺

面点熟制，是指将成形的面点生坯（或半成品），运用一定的加热方法，使其成为色、香、味、形俱佳的熟制过程。面点熟制的方法通常分为单加热法和复加热法。单加热法，是指面点生坯变成熟食品只由一种加热方法来完成的熟制工艺；复加热法，是指面点生坯变成熟食品由两种或两种以上加热方法来完成的熟制工艺。在面点制作中运用较多，比较常见的是蒸、煮、炸、煎、烙、烤等几种方法。

（一）蒸、煮

蒸、煮成熟，是中式面点中使用范围非常广泛的两种方法。

蒸，是把成形的面点生坯放入蒸具（蒸笼、蒸屉、蒸箱等）中，利用蒸汽传热使之成熟的方法。蒸制使用范围广泛，除油酥面团和矾碱面团制品外，其他各类面团制品都可采用蒸的方法成熟，特别适用于发酵面团和米粉面团及米团类制品，如馒头、包子、米团、糕类、蒸饺、蛋糕等。蒸制品具有质地柔软、易于消化、形体完整、保持原色、馅心鲜嫩的特色，但不易储存。

煮，是把成形的面点生坯投入到一定量的水锅中，利用水的传导和对流作用使之成熟的方法，煮制适用于水调面团、米及米粉面团制品以及各种羹类甜食等。如面条、水饺、馄饨、汤圆、粥、莲子羹、银耳羹等。煮制品具有质地爽滑，保持原料原汁、原味、原色的特点。

（二）炸、煎、烙

炸、煎、烙是面点熟制工艺中经常使用的方法。炸、煎、烙制品具有香味浓郁，色泽鲜明，酥、嫩、松、脆等特点，同时又各具特色。

炸，是将成形的面点生坯投入到一定温度的油内，以油脂为传热介质使制品成熟的方法。炸制适用范围很广，几乎各类面团制品都可以用炸的方法成熟，主要用于油酥面团、膨松面团、米粉面团、薯类面团制品等，如酥点、油条、麻花、炸糕、土豆饼等。

煎，是把成形的面点生坯放入平底锅（或煎盘）中，利用金属煎锅和油脂的传热使制品成熟的方法。煎制使用的工具为平底锅或煎盘；用油量不大，一般在锅底平铺薄薄一层为宜。煎制时，火源通过金属煎锅、油脂将热量以传导的方式传递给制品生坯使其成熟。若煎制过程中洒些水，水遇热锅和热油转变成热蒸汽，可进一步促进制品成熟。热蒸汽使生坯表面淀粉吸水膨胀、糊化，使得制品上部柔软，而底部金黄、香脆。

烙,是将成形的面点生坯摆放在平底锅中,通过金属传热使制品成熟的方法。烙制的热量主要来自锅底。锅底温度较高,放在锅中的制品应反复翻转使其两面均匀受热直至成熟。烙制品大都具有皮面香脆,内柔软,外形呈类似虎皮的黄褐色或金黄色。烙制主要适用于水调面团、发酵面团、米粉面团制品等,特别适用于各种饼的熟制,如大饼、煎饼、家常饼等。

(三)烤和微波加热

烤,是将成形的生坯放入烤炉中,利用炉内的高温使面点成熟的方法。烤制使用范围广泛,品种繁多,主要用于各种膨松面团和油酥面团制品,如面包、蛋糕、酥点、饼类等。

微波加热,是将成形的面点生坯放入微波炉中,通过生坯吸收微波产生的大量的热使制品很快成熟的方法。它省时快速,使用方便,清洁卫生,但气味和味道不如常规熟制法。在我国,微波技术尚处于起步阶段,如何有效地将微波技术运用于烹饪和面点熟制还有待于开发。

本章小结

本章介绍了中国烹饪工艺所涉及的烹饪原料、烹调技术和面点制作工艺三大内容。中国的烹饪原料丰富多彩,众多的烹饪原料是形成众多菜肴的基础。因此,了解中国烹饪就必须对中国烹饪的原料进行系统的学习;而丰富多彩的烹饪原料,烹制成色、香、味、形俱佳的菜肴和面点制品,还需要各种各样烹饪方法的运用,只有全面了解烹饪技法,才能更深刻地认识中国烹饪文化。

 **思考与练习**

一、名词解释

1. 烹饪原料

2. 烹调制作工艺

二、选择题

1. 猪皮用(　　)方法进行涨发。

A. 水发　　　　　　B. 油发　　　　　　C. 碱发　　　　　　D. 盐发

2. 在面粉中加入酵面制成的面团叫(　　)。

A. 水调面团　　　B. 油酥面团　　　C. 发酵面团

3. 土豆属于(　　)原料。

A. 叶菜类　　　　　B. 茎菜类　　　　　C. 根菜类　　　　　D. 果菜类

三、简答题

1.烹饪原料检验的方法有哪几种?

2.按性质分,烹饪原料可分为几大类?

3.热菜常用的烹调技法有几种?

4.面点的成形工艺包括哪几道工序?

四、分析题

家庭的日常饮食中,即使来了客人,菜肴的品种一般也不会太多。试根据自己的经验分析一下为什么?

五、拓展练习题

1.选择一个综合性食品市场,对市场上销售的烹饪原料进行记录,并按性质分类。

2.参观一家饭店,观摩厨师的实际操作,谈谈自己的感想。

第五章

饮食习俗

学习目标

● 了解年节食俗的概念；

● 掌握我国主要的年节食俗；

● 熟悉人生的礼仪食俗；

● 了解宗教食俗和少数民族食俗。

饮食习俗，是指人们在日常饮食活动中形成并传承下来的风俗习惯。中国传统的饮食习俗，是几千年来中国各族人民创造和传承的结果，寄寓着世世代代中国人的愿望和理想，体现了他们的聪明才智，表达了他们的爱憎感情，具有很强的民族性、地域性、社会性。饮食习俗可分为年节食俗、日常食俗、人生礼仪食俗、宗教食俗和少数民族食俗等内容。本章只介绍年节食俗、人生礼仪食俗、宗教食俗和少数民族食俗。

第一节　年节食俗

一、年节食俗概述

年节，是指由农事祭祀、宗教节日和民族传统节日三者相互渗透、相互影响、融合而成的我国民俗节日。

年节食俗，又可称节庆食俗，专指年节期间具有传统文化色彩的节庆食品和饮宴风尚。年节食俗作为中国传统食俗的一部分，有着独特的文化内涵。年节食俗是由中国传统文化决定的。在漫长的历史岁月中，它不仅具备了娱神和悦人的双重功能，而且发挥着稳固家庭、联系亲族、调节人际关系、强化民族文化等诸多作用。

二、主要的传统年节食俗

(一) 春节

春节俗称"新年",也称"旧历年""阴历年""年初一",民间俗称为"过年",是我国最具有喜庆气氛的传统节日。

春节的历史,非常悠久。相传,在三皇五帝之一——颛顼(zhuānxū)时,就曾将古历初一日固定为元旦日。到了汉武帝太初元年(公元前 104 年),颁行"太初历",以农历正月初一为"岁首"("年"),春节的日期由此固定下来,并一直延续至今。旧时,从过小年(腊月二十三或二十四)到元宵节(正月十五)都属于新年范围,其中以除夕到正月初三为高潮。

春节的食俗,可追溯到先秦。《诗经》中有过年喝"春酒"的记载。汉代崔寔(shí)的《四民月令》载:"正月元旦,是谓正日……各上椒酒于其家长,称觞举寿,欣欣如也。"南朝宗懔(lǐn)《荆楚岁时记》说:"正月一日……进屠苏酒、胶牙饧,下五辛盘。"北宋王安石著名的《元日》诗曰:"爆竹声中一岁除,春风送暖入屠苏。千门万户曈曈日,总把新桃换旧符。"诗中描绘的春节三大习俗中,就有饮屠苏酒。

屠苏,又称"酴酥"。据《岁华记丽》注云:"屠苏,草庵之名。昔有人居草庵之中,每岁除夜遗闾里一帖药,令囊浸井中。至元日取水,置于酒樽,阖家饮之,不病瘟疫。今人得其方而不知其人姓名,但曰屠苏而已。"

饮屠苏酒还讲究先后次序,"进酒次第,当从小起,以年少者起先"。所以,苏东坡说:"但把穷愁博长健,不辞最后饮屠苏。"如今,每逢春节,无论男女老少,即使平日不饮酒,也要在这一天喝一杯"团圆酒",可见传承几千年的春节饮酒习俗至今古风犹存。

在我国多数地区流行的春节食俗中,最有代表性的食俗是包饺子、蒸年糕和吃团圆饭。

春节包饺子,多流行于北方地区。饺子有的地方也叫"角子""扁食""水点心"。据文献记载,最初饺子也叫"馄饨"。北齐颜之推说:"今之馄饨,形如偃月,天下通食也。"早在 5 世纪,饺子已是黄河流域的普通面食。

馄饨形状有角,故又名"角子",北方人读"角"为"矫",因呼"饺子",饺子之名由此而来。饺子在明代以前,还没有作为春节食品;明中期以后,饺子逐渐成为北方的春节美食。究其原因,一是饺子形如元宝,人们在春节吃饺子,取"招财进宝"之意。二是饺子有馅,便于人们把各种吉祥的东西包进馅里,以寄托人们对新岁的祈望。如,包进蜜和糖,希望来年日子甜美;包进枣子,表示"早生贵子"。还有故意在个别饺子里包进一枚"制钱",谁得到这个饺子,谁就财运亨通。可见,饺子不但是供人们食用的美食,同时也是寄托人们理想与希望的象征之物。此外,还由于春节第一顿饺子必须在旧年最后一天夜里十二时包完,这个时辰也叫"子时",此时食"饺子",取"更岁交子"之意,寓意吉利。

春节吃年糕,在我国南方比较盛行。"糕"谐音"高",过年吃年糕,除了尝新之外,恐怕主要是为了讨个口彩,意取"年年高"。新年吃年糕之俗,反映了人们对美好生活的向往和追求。"十里不同风,百里不同俗。"我国幅员辽阔,各地食年糕习俗也不尽相同。年糕品种多种多样。北方多为黄米年糕、黍米年糕,南方以糯米年糕为多。南方年糕又分广式和苏式两大风味。广式,多以糯米粉、片糖、生油、瓜子仁、竹叶等为原料,其色泽金红,口感软滑,内含竹子清香。苏州年糕最为讲究,有猪油年糕和红、白糖年糕等不同品种。红、白糖年糕,粉细糯甜,色泽白亮,蒸透柔韧,水煮不腻,油煎香甜,久藏不霉。猪油年糕,有玫瑰、桂花、枣泥、薄荷四种,其特色是色泽鲜艳美观,肥润香糯、甜而不腻。除甜年糕外,有些地区还喜欢吃咸年糕,以南瓜丝、萝卜丝为料,加入糯米浆中,上屉蒸熟。咸年糕吃起来更是别有风味。在湖北、湖南、江西、海南等地,每年一进腊月,家家户户便开始制作年糕,年糕成为春节的重要食品和礼品。

 **知识链接**

各民族春节习俗

汉族:大年初一,人们不扫地,不向外泼水,不走后门,不打骂孩子,相互祝贺新年吉祥富贵、万事如意。

满族:年节将近时,家家打扫庭院,贴窗花、对联和福字。腊月三十,家家竖起六米多高的灯笼杆,从初一到十六,天天红灯高挂。年三十包饺子,讲究褶子多为好;子时煮饺子;有的饺子里边包上铜钱,吃到者有好运。春节要拜两次,年三十晚上一次,为辞旧岁;年初一再拜一次,为迎新春。春节前还要举行跳马、跳骆驼等比赛。正月十五还有闹灯会。

朝鲜族:家家户户贴春联,做各式丰盛饭菜,吃"八宝饭",除夕全家守岁通宵达旦,弹伽倻琴、吹洞箫。初一天亮人们穿上节日的盛装给长辈拜年。节日期间,男女老少纵情歌舞,压跳板、拔河。正月十五夜晚举行传统的庆祝集会,由被推选出来的几位老人,登上木制的"望月架",伴着长鼓、洞箫、唢呐载歌载舞。

鄂伦春族:除夕,全家围坐,共进晚餐;品山珍,喝美酒,吃年饭;青年人给家族及近亲长者敬礼,叩头请安。午夜,人们捧着桦树皮盒或铁盒绕马厩数圈,祈祝六畜兴旺。初一,着新装互相拜年请安;青年男女聚在一起跳转圈集体舞,有打猎舞、"红果"舞、"黑熊搏斗"舞等。

赫哲族:除夕,大家忙着做年饭,剪窗花,糊灯笼。初一,姑娘、妇女和孩子们穿上绣有云边的新装,去亲朋家拜年;用"鱼宴"款待客人,有酸辣风味生鱼、味香酥脆的"炒鱼毛"和大马哈鱼子。民间诗人向人们献诗、讲故事,妇女们玩"摸瞎糊""掷骨头",青少年则进行滑雪、滑冰、射草靶、叉草球等比赛。

蒙古族:五更吃饺子、放鞭炮与汉族同。此外,除夕要吃"手把肉",以示合家团圆。初一凌晨晚辈向长辈敬"辞岁酒",然后青年男女跨上骏马,骑串蒙古包,先给长辈们叩头祝愿,接着喝酒跳舞,随后串包男女还利用这一机会进行赛马比赛。

纳西族:正月新春,人们互相访亲拜友,轮流做客。中青年男子组织灯会,并与邻村竞赛。城市、乡村都办灯会,灯会节目演的是本民族故事,如《阿纽梅说笑》《老寿星放鹿》《社戏夜明珠》《狮子滚绣球》《凰舞》等。

藏族:除夕之夜,举行盛大的"跳神会",人们戴上面具载歌载舞,以示除旧迎新,祛邪降福。

彝族:春节期间,集会跳"阿细跳月",有些村寨年初一取水做饭都由男子承担,让妇女休息,以示对她们劳累一年的慰问。

苗族:把春节称作"客家年"。过年时,家家户户杀猪宰羊,烤酒打粑庆丰收,希望来年风调雨顺,五谷丰登。还要唱《开春歌》,歌词大意为思春、盼春、惜春、挽春等。

白族:人们从除夕开始互拜、赠送礼品。除夕守夜。子夜过后,男女青年争先挑水,以示勤劳。清晨,全家喝泡有米花的糖水,以祝福日子甜美。大家或结伴游览名胜古迹,或耍龙灯,舞狮子,打霸王鞭。

壮族:年三十晚上,家家的火塘上要燃起大火,终夜不熄,叫作"迎新火"。民间习惯包粽子过春节。节日期间,还要组织丰富多彩的民族文体活动庆祝,唱"采茶"、舞狮龙、跳打扁担舞、闹锣、打陀螺、赛球、演地方戏等。

(二)元宵节

元宵节,又名上元节,为正月十五。其习俗主要是观灯赏月、猜谜以及合家欢宴。

元宵作为上元节的节日食品,始于宋代。宋人周密《武林旧事》载:"节食所尚,则乳糖元子……"清代诗人李调元有诗曰:"元宵争看采莲船,宝马香车拾坠钿。风雨夜深人散尽,孤灯犹唤卖汤圆。"大意为:时逢元宵佳节,人们都上街观赏采莲船的歌舞表演,在欢声笑语的人群里,小姐们佩戴的钗钿被挤落在地上——那种灯火辉煌、车水马龙的热闹场面犹现眼前。时至深夜,一场风雨,吹散了游兴未尽的人流;而在小巷深处,挑担卖汤圆的小贩仍吆喝着招徕买主。这是一幅生动形象的清代元宵风俗画卷。

古时元宵节,除吃元宵之外,还有吃豆粥、蚕丝饭等习俗。豆粥,见《荆楚岁时记》:"正月十五日作豆糜,加油膏其上,以祠门户。""豆糜",即豆粥。

蚕丝饭,为南人节食。《岁时杂记》曰:"京师上元日,有蚕丝饭,捣米为之,朱绿之,玄黄之,南人以为盘餐。"这是一种稻米染色的年糕类食品,从南方传入汴京,也成了北方人的上元节食。

我国不同地区,元宵节饮食习俗不尽相同,各有千秋。上海、江苏一些农村,元宵节吃"荠菜圆"。陕西人元宵节有吃"元宵菜"的习俗,即在面汤里放各种蔬菜和水果。河南洛阳、灵宝一带,元宵节要吃枣糕。云南昆明人,多吃豆面团。云南峨山一带,元宵之夜全寨人要聚在一起举办"元宵宴":是日下午,召集人燃放鞭炮通知全寨各户主前来吃饭;吃饭前,由德高望重的老前辈吟诵祝辞,祝愿当年风调雨顺、五谷丰登。吉林朝鲜族地区,元宵节这天要吃"药饭"或"五谷饭";药饭以江米、蜂蜜为基本原料,掺入大枣、栗子、松子等煮成。因药饭原料较贵,不易凑齐,一般以大米、小米、大黄米、糯米、红豆五种粮食做成"五谷饭"代替,意在盼望当年五谷丰登。

(三)清明节

清明节,又名鬼节、冥节、死人节、踏青节。多在公历四月五日前后,为古寒食节的次日。中国汉族传统的清明节大约始于周代,距今已有 2500 多年的历史。起源之说有两个:一说为纪念介子推。晋文公重耳在介子推死之日禁火寒食,以寄哀思;二源于周代禁火旧制。《周礼·秋官》记载:"中春以木铎修火禁于国中。"当时有逢季改火之习,告诫人们禁止生火,要吃冷食。大约到了唐代,寒食节和清明节合一。受汉族文化的影响,中国的满族、赫哲族、壮族、鄂伦春族、侗族、土家族、苗族、瑶族、黎族、水族、京族、羌族等 24 个少数民族,也都有过清明节的习俗。虽然各地习俗不尽相同,但扫墓祭祖、踏青郊游是基本主题。

清明节有扫墓祭祖、踏青、插柳、植树、荡秋千等活动,清明食俗是伴随清明祭祀活动而展开的。这一天,家家要准备丰盛的食品前往本家祖坟祭奠,祭祀完毕,所有上坟的人围坐在坟场附近食用各种食品。在江南水乡,尤其是江浙一带,老百姓总要用艾草挤汁,拌入糯米粉中做成团子食用,称"清明粿"。在山东即墨,清明要吃鸡蛋和冷饽饽;莱阳、招远、长岛吃鸡蛋和冷高粱米饭;泰安吃冷煎饼卷生苦菜,据说吃了眼睛明亮。在浙江湖州,清明前后,螺蛳肥壮。俗话说:"清明螺,赛只鹅。"农家有清明吃螺蛳的习惯。这天用针挑出螺蛳肉烹食,叫"挑青"。吃后将螺蛳壳扔到房顶上,据说屋瓦上发出的滚动声能吓跑老鼠,有利于清明后的养蚕。

(四)端午节

端午节,又名端阳节、重五节等,时在农历的五月五日。2006 年 5 月 20 日,端午节经国务院批准列入第一批国家级非物质文化遗产名录。2009 年 9 月 30 日在阿联酋阿布扎比召开的联合国教科文组织保护非物质文化遗产政府间委员会第四次会议审议并批准列入的《人类非物质文化遗产代表作名录》76个项目之中,便有中国"端午节"。这是中国首个入选世界非遗的节日。关于端午节的传说最多:纪念爱国诗人屈原、纪念替父雪耻的伍子胥、纪念卧薪尝胆的越王勾践、纪念投江祭父的曹娥等,还有原始宗教中的植物崇拜和吴越先祖的图腾祭等。

端午节,实际上是一个健身强体、抗病消灾的节日。古人认为五月是恶月,"阴阳争,血气散",易得病,因而包括饮食在内的一些习俗都与抗病健身有关。

端午节的习俗主要有:吃粽子,拴五色丝线,饮雄黄酒或以之消毒,悬艾叶、菖蒲、蒜头于门上驱邪、赛龙舟等。粽子又叫"角黍""筒粽",前者是由于形状有棱角、内裹黏米而得名,后者顾名思义大概是用竹筒盛米煮成。端午节吃粽子,在魏晋时代已经很盛行。江浙一带有端午节吃"五黄"的习俗。五黄指黄瓜、黄鳝、黄鱼、咸鸭蛋黄、雄黄酒。

（五）中秋节

中秋节,又名仲秋节、团圆节、八月节,时在农历的八月十五,因这一天恰值三秋之半,故名中秋。当夜月亮又圆又亮,民间以合家团圆赏月为节日活动内容之一,寓意团圆美满。

中秋节的特色食品主要是月饼,此外还有应时瓜果、桂花酒等。这些食品成为中秋节特有情调的一部分。但吃月饼和送月饼,并非自古以来就与中秋节有关。初唐时,农历八月初一是节日,而无十五这个节日。相传,唐明皇曾于八月十五游月宫,这样民间才把八月十五这天作为中秋节。我国民间食月饼的历史已有千余年,早在北宋时期,苏东坡就有"小饼如嚼月,中有酥和饴"的诗句。但月饼作为一种与中秋节有联系的节令食品,是在明代。明田汝成《西河游览志余·熙朝乐事》载:"八月十五日谓之中秋。民间以月饼相馈,取团圆之意。"

月饼作为节令食品,代代沿袭,发展至今,品种更加繁多,风味也因地而异。在诸多风味的月饼中,京式、苏式、广式、潮式等月饼名气较大。

作为中秋节的代表性食品,月饼同时还是礼品。在江西农村,已定亲尚未完婚的男方家庭,要在中秋节前夕送月饼给女方家及女方亲戚,俗称"追节"。

 **知识链接**

月饼的种类和特点

广式月饼:皮薄、松软、香甜、馅足。
苏式月饼:松脆、香酥、层酥相叠,重油而不腻,甜咸适口。

京式月饼：外形精美，皮薄酥软，层次分明，风味诱人。

潮式月饼：重油重糖，口感柔软。

滇式月饼：皮酥馅美，甜咸适中，色泽橙黄，油而不腻。

徽式月饼：小巧玲珑，洁白如玉，皮酥馅饱。

衢式月饼：酥香可口，芝麻当家。

秦式月饼：冰糖、板油出头，皮酥馅甘，甜而不腻。

晋式月饼：形式古朴，口味醇厚、酥绵爽口，甜而不腻。

（六）重阳节

农历九月九日，谓之重阳，古人以九为阳数，月、日都逢九，叫"重阳"，俗称"重九"，故又称"重九节"。重阳节有出游登高、赏菊、插茱萸、饮菊花酒、食花糕等习俗。这种节俗，往往让诗人们感情澎湃，诗兴大发。如王维《九月九日忆山东兄弟》诗："独在异乡为异客，每逢佳节倍思亲。遥知兄弟登高处，遍插茱萸少一人。"

重阳节的食品，除菊花酒、重阳糕外，有的地方还吃兔、蟹、毛豆等，普遍流行的食品则是重阳糕。在江苏苏州，重阳糕十分讲究，糕上还嵌以枣脯，尤其是刚出炉的重阳糕，真可谓"蒸出枣糕满店香"。在山东，民间重阳节的习俗是吃花糕。花糕以面为主，双层中夹以枣栗之类果品，单层煮枣栗插于面上；有的还插上彩色小纸供，谓之"花糕旗"；有的糕上按两只面塑的羊，取"重阳"之意，谓之"重阳花糕"。在福建莆仙，人们要蒸九层的重阳米果；近代以来，人们又把米果改制为一种很有特色的九重米果。将优质晚米用清水淘洗，浸泡 2 小时，捞出沥干，掺水磨成稀浆，加入明矾（用水溶解）搅拌，加红板糖（掺水熬成糖浓液），而后将蒸笼置于锅上；铺上洁净炊布，然后分九次，舀入米果浆，蒸若干时即熟出笼，米果面抹上花生油。此米果分九层重叠，可以揭开，切成菱角，四边层次分明，呈半透明体；食之甜软适口，又不粘牙，堪称重阳敬老的最佳礼馔。

（七）腊八节

腊八节，又名成道节，时为农历十二月初八。原系古代欢庆丰收、酬谢祖先和神灵（如门神、宅神）的祭祀仪式，后来演化为纪念释迦牟尼成道的节日。南北朝时固定在腊月初八。它起源于驱寒、祭神和辞旧迎新，其节俗主要是熬腊八粥敬佛和举行和乐家宴。

腊八粥，亦名五味粥、七宝粥、长生粥或佛粥，系用各种米、豆、干果、蔬菜、薯芋及肉品等煮成。清顾禄《清嘉录》卷十二记载："八日为腊八，居民以菜果入米煮粥，谓之腊八粥。或有馈自僧尼者，名曰佛粥。"各地配方不同，少则 4 至 7 种，多则 20 余种。主要是供佛斋僧，也分送善男信女和贫民，与亲邻共享。像山东曲阜的孔府，届时广设粥棚大做好事；北京雍和宫，习惯于用直径 2 米的 6 口大锅同时熬煮,分别献神、进贡皇帝、敬送王公大臣、慰劳僧侣和救济穷人。

腊八粥不仅是礼佛食品,也是腊八节的重要礼品。从营养功效看,腊八粥有健脾、开胃、补气、养血之功,且可御寒,故能传承千百年。

 知识链接

雍和宫的腊八盛典

清代,雍和宫的腊八盛典极为隆重。雍和宫内有一口直径2米、深1.5米的古铜大锅,重约4吨,专用熬腊八粥。腊月初一起,皇宫总管内务府派司员把粥料和干柴运到雍和宫。粥料品种繁多,有上等奶油、羊肉丁和五谷杂粮以及各种干果等,到初五晚准备就绪,初六皇帝派大臣会同内务府总管大臣,率领三品以上官员及民夫到庙里监督称粮、运柴。初七清晨,皇帝派来的监粥大臣下令生火,并一直监视到初八凌晨粥全部熬好为止。这时皇帝派来的供粥大臣率领官员开始在佛前供粥,宫灯照耀、香烟袅袅、古乐齐鸣,众喇嘛进殿念经,随后把粥献给宫廷,同时装罐密封,用快马送往承德行宫和全国各地。直到天亮以后舍粥完毕,盛典才告结束。据史料记载,每一锅粥用小米12石,杂粮、干果各50公斤,干柴5000公斤,共熬6锅。第一锅供佛,第二锅献给皇帝及宫内,第三锅给王公大臣和大喇嘛,第四锅给文武官员和封在各省的大官吏,第五锅分给雍和宫的众喇嘛,第六锅作为施舍。

(八)送灶节

农历十二月二十三日前后,民间有祭祀灶神的风俗。不少地区以腊月二十三日前后为小年,因此,送灶节又称谢灶节、祭灶节、灶神节、过小年。

相传,灶王是玉皇大帝的女婿,忠厚、勤劳但不善言辞不会逢迎,因此不讨老丈人的欢心,被贬到凡间掌管家政,专监厨务。每到岁末要上天"述职"和"探亲",汇报各家情况。所以,人们要为他烧香,磕头,换神像,供上鱼鲜、其豆、糖瓜、果品与五色米食;还用麦芽糖粘其嘴,用酒糟抹其脸,以便灶王上天述职时多说好话,祈求天神保佑家庭安宁,也即"上天言好事,下界保平安"。

为了实现祭灶目的,民间有给灶去灰、屋去尘,准备特殊祭品祭灶神等节日活动。各家祭灶、清扫厨房、检点火烛、整修炉灶等,含有饮食卫生、安全用火、住宅平安、人丁兴旺等含义。

祭灶节,民间讲究吃饺子,取意"送行饺子迎风面"。山区多吃糕和荞面。晋东南地区,流行吃炒玉米的习俗,民谚有"二十三,不吃炒,大年初一一锅倒"的说

法。人们喜欢将炒玉米用麦芽糖黏结起来,冰冻成大块,吃起来酥脆香甜。祭灶这天除吃灶糖之外,火烧也是很有特色的节令食品。每到腊月二十三祭灶这天,城市中的烧饼摊点生意非常兴隆。供品除糖瓜之类外,也有供水饺的,取民间"起身饺子落身面"之意,有的也供面条。

祭灶完毕,家家都要会餐,这便是"过小年"。次日,北方准备包饺子,南方准备打年糕,紧接而来的是杀猪、起塘鱼、宰鸡鸭、磨豆腐,大张旗鼓置办年货了。

(九)除夕

除夕,又称大年夜、除夜、岁除,是农历一年最后一天的晚上,即春节前一天晚上。农历十二月多为大月,有三十天,所以又称为大年三十。除夕这一天对华人来说是极为重要的。这一天人们准备除旧迎新,吃团圆饭。北方人风俗一致,过年包饺子;而南方各地则风俗不同,或做年糕、或包粽子、或煮汤圆、或吃米饭等,南方不同的地域有着诸多不同的过年风俗。水饺形似"元宝",年糕音似"年高",都是吉祥如意的好兆头。

除夕之夜,全家人在一起吃团圆饭,有一家人团聚过年的味道。吃团圆饭时,桌上的鱼是不能动的,因为这鱼代表富裕和年年有余,象征来年的财富与幸运,它属于一种装饰,是碰不得的。在民间,人们对吃团圆饭非常重视,羁旅他乡的游子,除非万不得已,再忙也要赶回家吃顿年饭。因特殊情况不能回家吃年饭的,家人也要为他留一席位,摆上一套碗筷,以示团圆。

吃团圆饭之俗,至迟在晋代已经开始。西晋周处《风土记》说:"酒食相邀,为别岁;至除夕达旦不眠,谓之守岁。"可见,当时除夕之夜,要举办丰盛的筵席,辞旧迎新。清人顾禄在《清嘉录》中说:"除夕夜,家庭举宴,长幼咸集,多作吉利语,名曰'年夜饭',俗呼'合家欢'。"清周宗泰《姑苏竹枝词》云:"妻孥一室话团圆,鱼肉瓜茄杂果盘。下箸频频听谶语,家家家里合家欢。"

所谓年饭,顾名思义,它是一年中最丰盛的一顿饭,其准备之充分、物料之丰富、菜肴之精美,是平常饮食无法相比的。其次,年饭安排在除夕这样一个新旧年更替的特定时刻,因此,无论是菜品的安排,还是人们进餐的言谈举止,都必须特别讲究。比如,在菜肴安排上,菜肴数量要成双,不能出现单数,最好是能包含一定寓意的数字,如十道菜,取"十全十美"之意;十二道菜,取"月月乐"之意;十八道菜,取"要得发,不离八"的吉祥俚语。筵席菜肴的内容,在不同地区各不相同。江汉平原地区,除夕年夜饭必有一道全鱼,谓之"年鱼",意取"年年有余"。年鱼一般是不吃的,虽然个别地方可以吃,但鱼头、鱼尾不能吃,谓之"有头有尾",来年做事有始有终。圆子菜,在许多地方的年宴上是少不了的,因"圆子"正好合"团圆"之意,所以,鱼圆、肉圆或藕圆便成筵席上的必备菜。在广东、香港等地,年宴上发菜是颇受人们欢迎的菜肴,因发菜谐音"发财",于是精于经商的广东、香港人,总要在年宴上吃一些发菜,希望来年能发财。总之,年宴上一般要有一两道寓意吉祥的菜肴,以表达人们对未来生活的美好祝愿。

除夕还有很多的禁忌。如忌言鬼、死、杀等不吉字眼,忌打碎碗碟,忌恶声谩语,忌随地便溺,忌泼污水、灯油于地等。人们在大年三十到来时,一面欢度佳节,喜庆丰收;一面洗澡更衣、打扫卫生,以驱疫病、除恶鬼。

第二节　人生礼仪食俗

一、诞生食俗

人生礼仪,是指人的一生在不同的年龄段所举行的仪式和礼节。人生礼仪食俗,是指人生仪礼活动中逐渐形成的一系列饮食习俗。当一个新的生命孕育,生育食俗也随之产生。各地民间的诞生食俗,不尽一致,但大体上包括"求子""得喜""三朝""满月"等内容。

(一)求子食俗

求子主要吃喜蛋、喜瓜、莴笋、红枣、莲子、花生、桂圆、石榴、子母芋头之类的象征性食物。古时民间,尚未生育的人家有求子习俗,如祭拜观音菩萨、碧霞仙君、百花神等,祈求他们赐给一男半女。一朝受孕,即用三牲福礼祭祀。在山东"祈子"习俗盛行,胶东地区有三月三给新媳妇送面燕的习俗,以面燕应玄鸟,目的在祈子。滕县有些老太太盼望早日抱孙子,便在除夕之夜煮一些半生不熟的"汤心鸡蛋"给媳妇吃,讨媳妇口中吐一个"生"字。

(二)得喜食俗

在中国民间,生儿育女是家庭的一喜,所以,妇女怀孕也称为"得喜"。一般家庭都强调给孕妇增加营养,但也不是什么都可以吃,如兔子肉是不准吃的,怕婴儿豁唇;也不能吃姜,以免婴儿长六个指头;有些地方不准孕妇吃鸡肉或狗肉,说这两种肉会把胎儿化掉。许多地方还有一个有趣的食俗——根据孕妇对食物味道的喜好,来判断胎儿的性别,如民间有"酸男辣女"之说。

(三)催生食俗

催生,也叫"催产",这是娘家为即将坐月子的女儿举行的仪式。在江西,孕妇怀孕8个月后,娘家便择个吉日,邀上七大姑八大姨,提着礼品前来"催生"。催生的礼品均为食物,有肉、面条、鸡蛋等,还有一只大公鸡。据说,孕妇吃大公鸡就能生个胖胖的大小子。在浙江,催生的礼品则是鸡蛋、红糖、生姜、核桃及婴儿衣服。

（四）报喜食俗

婴儿降生后，婆家向娘家报喜。报喜时，各地礼物不一。例如，山东招远地区，报喜要带去二升麦子，回来时带着娘家给的红鸡蛋、大油饼。古时湖北通城，家贫者用樽酒、脡(tǐng)肉(条状的干肉)；家庭富裕者，用猪羊报知娘家人。浙江报喜时，往往以实物为生男生女的标志，男孩子用红纸包毛笔一支，女孩则另加手帕一条。

（五）贺生食俗

贺生是娘家接到喜讯后举行的一种仪式，由做外婆的带领娘家诸女眷去看产妇和小外孙。贺生的礼品，大多是食物，如鸡蛋、豆腐、糯米、红糖、生姜、赤豆、绿豆等，此外还送些婴儿的衣帽。送的时间，各地有所不同，有的地方是娘家人接到喜讯后立即送，有的地方则在婴儿出生若干天后再去送。

（六）三朝食俗

三朝，是指婴儿出生第三天的一种礼仪。我国唐代，婴儿出生三日有"洗三"做"汤饼会"的习俗。这天上午，要由原接生婆或有经验的老年妇女为婴儿洗澡，洗完后要送些喜钱或红鸡蛋，作为"彩头"。在江西宜春地区，这天外婆将三至四套婴儿穿的新衣服和新鞋帽，用竹篮提到女儿婆家。上午，接生婆用新毛巾替婴儿洗澡，与此同时，婴儿的爷爷或父亲上香、燃放鞭炮。洗礼完毕，外婆及道贺的亲友邻居都要吃一席丰盛的"三朝酒"。

（七）满月食俗

按民间习俗，在婴儿生下一个月后要做"满月"，置办"满月酒"，主家宴请宾客，亲友们要送婴儿贺礼。这天还是婴儿"圆顶"之日，要为婴儿理第一次头发，叫"剃满月头"。

二、婚事食俗

婚礼，是人生礼仪中一个大礼，历来受到人们的重视。民间缔结婚姻，大抵要经过相亲、定亲、迎亲等过程，其中均有相应的食俗。

（一）相亲食俗

即在正式定亲之前，男方去看姑娘，相中了，继续处下去；若没相中，便停止交往。在广东饶平和福建的汾水关，相亲时以糯米粥款待，如果粥很甜，小伙会越吃越开心，因为甜粥表示女家相中小伙子了；如果粥只是有点儿甜味，则示意亲事尚待考虑；如果粥是淡淡的，就表示女方无意联姻。

而在浙江东阳一带，小伙子前来相亲，女家以一碗素粉或面条相待，鸡蛋藏在碗底，如果女方中意，用清煮蛋，意为团圆；反之则让对方吃荷包蛋。男方若对姑娘中意,吃两个清煮蛋,意为成双;一时确定不下,则吃一个;若为不中意,则一个蛋也不吃。

(二)定亲食俗

旧时,相亲后,如果男女两人"八字相合",便要举行定亲仪礼。定亲要送"定礼",也称"彩礼"。彩礼一送,就表示男女双方对婚约的认定。虽然各地的彩礼不尽一致,但一般都有两种东西,即金银首饰和食品。在浙江温州,男方送给女方的彩礼,除了金或银戒指一对外,还有鸡、鸭、鹅、蛋及礼品四包。女方的回礼是荔枝、红枣、桂圆等具有吉祥含义的干鲜果,外加江西瓷碗若干。

(三)迎亲食俗

迎亲之日,是婚姻食俗集中体现的时候。旧时,新郎新娘拜堂后,进入洞房喝交杯酒。喝完交杯酒,新娘还要吃生瓜子和染成红红绿绿的花生,寓早生贵子之意。在婚床的床头,预先放了一对红纸包的酥饼,就寝前,由新郎新娘分食,表示夫妻和睦相爱。

男家要准备丰盛的酒菜大宴宾朋。席菜应为双数,最好是扣八扣十,菜名宜用吉语,力求有个好的"口彩";忌讳打破餐具和使用有裂纹的盘碗;水果不可上梨和橘子,而以核桃、花生、桂圆、红枣等"福果"为佳。

三、寿庆食俗

寿庆食俗,指诞生纪念日庆贺活动中的饮食习俗。一般都在逢十大寿的前一年操办,这就是民间"做九不做十"之说,避讳"十全为满,满则招损"。我国多是在50、60、70、80、90、100等岁数时庆贺。50岁开始的做寿活动,一般都邀请亲友来贺,礼品有寿桃、寿联、寿幛、寿面等,并大办筵席庆贺。

做寿要用寿面、寿桃、寿糕、寿酒。寿日吃面,表示延年益寿。寿宴菜品多扣"九""八",如"九九寿席""八仙宴";菜名讲究,如"八仙过海""三星聚会""福如东海"等。在江浙一带,逢父母66岁生日,均有"过缺"的习俗。这是说,人到了66岁,要遇到一个"缺口",度过这个"缺口"就平安了。民间还有"六十六,不死掉块肉"之说。66岁的寿诞活动,应由女儿负责操办,女儿要根据父母的饮食习惯,选购猪肉,切成66块。与此同时,还要送一碗饭,盛饭的碗,必须用"缺口碗",连同一双筷子一并置于篮内,盖上红布,送给父母,以示祝寿或"补块肉"。

四、丧事食俗

丧葬古称凶礼,是人生礼仪的最后一件大事。而享受天年、寿终正寝的人去世,民间视为"白喜事"。晚辈在哀悼尽孝的同时,对前来吊唁以及帮助处理丧事的亲友要以酒菜招待,这就有了丧葬食俗。

汉族民间的一般俗规,是送葬归来后共进一餐,谓吃"豆腐饭"。古代的"豆腐饭"为素菜素食,如今已是大鱼大肉了,但人们仍称之为"豆腐饭"。

丧葬食俗因对象而异,各有讲究。

(1)祭奠亡灵食俗。主要是供奉饮食,有荤有素,有酒有点,时间长短与次数多少不一。各地区、各民族各有例行的规矩,如"朝夕奠""回煞席"(为回家探望的亡灵准备的供席)等。

(2)酬劳匠伕食俗。一是为答谢辛劳,二是冲掉"晦气",三是表示对亡灵的追忆。如"冲晦酒""回杠饭",大多重酒重肉。

(3)答谢亲友食俗。通常为六菜一汤,以素为主,口味清淡。

第三节　宗教食俗和少数民族食俗

一、宗教食俗

宗教食俗是在宗教教义、教规的制约下,在信众或教徒内部形成的饮食生活习惯。它具有群众性、自觉性、忌讳性、神秘性、功利性、复杂性等特性。

(一)佛教食俗

佛教是世界三大宗教之一,是在公元前 6 世纪至公元前 5 世纪,由古印度迦毗罗卫国(今尼泊尔境内)的王子悉达多·乔达摩(释迦牟尼)所创立。佛教自汉代传入中国,有大乘佛教、小乘佛教和喇嘛教三大派别。大乘佛教主要流行于印度、中国、日本、朝鲜、越南(北方和中部地区)等国,称为北传佛教。我国汉族大部分地区信奉大乘教,故又称汉地佛教。小乘佛教主要流行于斯里兰卡、缅甸、泰国、越南(南部)、老挝、马来西亚等国,称为南传佛教。而西藏、内蒙古等西部地区流传的喇嘛教,是北传佛教的一支,即藏传佛教。

1. 大乘佛教食俗

大乘是梵语意译,意为乘载车辆的大道或渡越苦海的航船。大乘佛教宣传大慈大悲,成佛济世,普度众生,建立佛国净土。大乘佛教的寺庙多有耕地,僧人参加劳动,并且自办饮食,常有专人负责烹调,饭菜大都简单,而且是分配食物,从长老到沙弥,人人平等。其食规是"只吃朝天长(指植物),不吃背朝天(指动物)"。不杀生,禁荤腥,忌食葱、姜、蒜等辛香类蔬菜,仅吃粮豆、蔬果和菌笋。

2. 小乘佛教食俗

小乘是梵语意译,专指早期的原始佛教和部派佛教。小乘佛教只要求信徒虔心修炼,在宗教道德修养上自我完善,着眼于个人解脱。由于该教派自己不办理膳食,而是依赖村民提供食品,因此其食禁较宽,"只要不杀生,也不禁荤腥"。无论短期出家的孩童,还是终身皈依佛门的老僧,都是清晨托钵沿门化斋,施主给啥吃啥,不得挑剔。僧人还遵循"过午不食"的清规,但可以饮茶、喝果汁,还要坚持"赕(dǎn)佛"(向佛祖敬献美食)。此外,这一派的善男信女大多不吃羊肉。

3. 喇嘛教食俗

"喇嘛"一词系藏语,意为上师,是对僧人的尊称。喇嘛教又名藏传佛教,是大乘佛教与西藏原有的本教(膜拜神鬼精灵,重视祭祀占卜的一种原始宗教)长期相互影响、相互斗争的产物。喇嘛教也是自办膳食,但由于其流行地域主要是牧区,信徒也是以牧民为主体,不可能禁绝肉食。因此,他们也是"只要不杀生,也不禁荤腥"。不过,仅吃牛、羊、鹿、猪等偶蹄动物,不吃被称作恶物的奇蹄动物(如马、狗、驴、兔)、五爪禽(如鸡、鸭、鹅、鸽)以及鱼虾蚌蟹。还有些信徒不吃肥猪肉,戒酒。教徒每餐饭前使用手指蘸酒(或奶汁、酥油茶、净水)对空连弹三次,表示礼佛;还要用酥油、酥油花或果点供佛。

(二)道教食俗

道教是中国土生土长的宗教,源于远古巫术和秦汉时的神仙方术。其前身是"黄(帝)老(子)之道"。东汉顺帝汉安元年(142年),张道陵在四川鹤鸣山创立了"天师道",因凡入道者,须出五斗米,故也称"五斗米道"。道教奉老子为教祖,尊称"太上老君"。道教现有正一(道士不出家,也有少数出家的)和全真(道士须出家)两大派系。

道教认为,道是先天地生的,为宇宙万物的本原。神仙思想,是道教的中心思想。道教修炼的目的,就是为了长生不死,成为神仙。

正一派奉持《正一经》,崇拜鬼神,画符念咒,驱妖降魔,祈福禳灾。其道徒一般可以结婚与吃荤,食俗与常人无异。为了增强制服妖魔的战斗力,道教还强调"天地万物,为我所用",重视饮食养生,强壮体魄,故而看馔甚为精洁,烹调达到相当水平。

全真派不尚符箓(降妖图符),不事烧炼(指炼丹术),主张道、释(佛教)、儒(儒家学派)三教合一,要求道徒出家,"识心见性全真觉",严守清规戒律,故其食俗与大乘佛教基本相似。道观内部设立食堂,由道总(宗教主持人)指定专人操办饭食,并对膳食作出规定,如重清素,戒杀生,不沾荤腥,有三厌(天厌雁、地厌狗、水厌乌鱼)、五禁(韭、薤、蒜、葱、胡荽)之说,对于破戒者严惩不贷。

此外,道教徒重视摄生,希望通过炼丹(在炉鼎中烧炼矿石药物)、服食(调理养生的药补饮食)或辟谷(不进谷食)、胎息(服气、练气功),以求长生不老。

(三)伊斯兰教食俗

伊斯兰教,是7世纪初由阿拉伯半岛麦加人穆罕默德所创立的一神教。在中国旧称"回教""清真教""天方教"。伊斯兰意为"顺从",只顺服唯一的神"安拉"的旨意。公元 7 世纪中叶,伊斯兰教传入中国。我国信奉伊斯兰教的有回族、维吾尔族、东乡族、柯尔克孜族、撒拉族、塔吉克族、乌孜别克族、保安族等 10 个少数民族。

伊斯兰教认为,若要拥有纯洁的心灵和健全的思考,保持一种热诚的精神和一个干净而又健康的身体,就应对饮食予以特别关注,故伊斯兰教的食规十分严格。至今,中国的穆斯林仍基本遵循着伊斯兰教经典所定的饮食清规,形成了别具一格的饮食习俗。

根据伊斯兰教规定,穆斯林的饮食有许多禁忌。在膳食的指导思想上,认为饭食是为了"养身"和"养性",因此就必须吃佳美(清洁、可口、有营养)的食品和合法(以正当手段获取,符合教义规定)的食品,坚持"五禁",即禁吃自死的动物(因其不洁),禁吃动物的血液(因其是动物的灵魂所在),禁吃脏物(如猪、狗、驴、骡)、凶物(如熊、狼、鹰、蛇)、丑物(如蝙蝠、乌鸦)、恶物(贝、蟹、螺、蚌)以及无鳞鱼、无鳃鱼(这些动物的图像也不许出现在餐具上和餐室中,因其不利于养性),禁吃未奉真主之名而屠宰的牲畜(因其不合法),禁吃烈酒、一切麻醉品与毒品(因其乱性)。对于教义允许食用的温顺反刍动物(如牛、羊、驼、鹿)、食谷家禽(如鸡、鸭、鹅、鸽)、有鳞有鳃鱼(如鲤、鲫、鳙、鲢)之类,还必须是经由阿訇或教民念"清真言"(指"除安拉外,再无神灵,穆罕默德是安拉的使者"这句话)后,方可快刀宰杀,将血放尽,漂清,否则也不能吃,即"禁外荤,忌血生"。在上述食物禁忌中,以禁食猪肉的习俗最为严格,最为普遍。伊斯兰教徒不仅不能食猪肉、养猪、用猪油炒菜,甚至忌讲"猪"字,称猪为"黑牲口"、猪肉为"大油",属相为猪称"属黑"。

穆斯林十分重观"斋月"。所谓"斋月"就是回历九月,此月被称为一年中最吉祥、最高贵的月份。在这一个月中,穆斯林每天从黎明到日落禁止饮食;日落后至黎明前进食,午夜一餐,最为丰盛,直到十月初一才开斋过年。"开斋节",又名"肉孜节"。这一天人们杀牛宰羊,制作油香、馓子、奶茶等食物,沐浴盛装,举行会礼,群聚欢宴,相互祝贺。

此外,伊斯兰教有良好的饮食习惯,不食用腐败变质的食物,不食用没有烹熟的肉品;食品冷热分开,生熟分开,咸甜分开;使用白色餐巾,盘碗多次冲刷;饭前净手,不用左手触摸食品;各人都有专用餐具和茶具;餐室洁净、无尘等。

(四) 基督教食俗

基督教是信奉基督耶稣为救世主的各教派的统称,包括天主教、东正教、新教等派别。基督教是 1 世纪由生于犹太伯利恒的耶稣在今巴勒斯坦一带创立的,主要分布于欧洲、南美洲、北美洲和大洋洲各国。唐太宗贞观九年(635 年),传入我国。

基督教徒的饮食,平时与常人一样,没有特别的讲究。《圣经》虽强调人们应当"勿虑衣食",不要为衣食所累,并且反对欢宴和酗酒,但仅是在特定的时间内有若干规定,如每星期五"行小斋",减食,不吃肉;在"受难节"和圣诞节前一日"守大斋",只吃一顿饱饭,饭前要做祈祷,感谢天主的恩赐;做弥撒(天主教对圣体圣事礼仪的称谓)时,接受牧师分发的"圣体"(指面饼)和"圣血"(指葡萄酒),用圣盘、圣杯享用,名曰"领圣餐"。出于《圣经》中"最后的晚餐"的故事,忌讳星期五聚餐和 13 人围桌吃饭等,目的是回避凶险。

二、少数民族食俗

(一)苗族饮食习俗

苗族主要分布在我国的西南、中南部地区,具有独特的饮食风俗。苗民以糯米为贵,将糯米作为丰收和吉祥的象征。各地苗民普遍喜食酸味菜。苗族几乎家家都有腌制食品的坛子(统称酸坛),蔬菜、鱼、肉、鸡、鸭都喜欢腌成酸味食用。到了蔬菜淡季,多食用青菜酸、辣子酸、萝卜酸、豆荚酸、蒜苗酸等腌酸菜。苗家将腌鱼、腌肉、腌菜的坛子均置于堂上或地楼之墙。富裕家庭,腌鱼、肉、菜的坛子为数甚多。生人入门,观坛之多寡,家之贫富,不问就知。

除夕晚上的"团年饭",是苗族春节活动的重要组成部分。湖南西部的苗民在吃年饭时,最忌客人串门,所以在饭前,家家户户事先燃放一挂鞭炮,然后半掩一扇门,使来人望而却步。年饭一般要尽量办得丰盛,备有猪腿、猪耳朵,以及猪舌、心、肝、肚、肺、肾等"五花细肉",还要置办"血肥肠"(也叫"血肠粑",即猪血拌糯米饭灌的肠粑)。苗民吃年饭时,长者座位面必朝东,幼者西向,南北向坐中辈人。苗民吃年饭时,最忌泡汤,据说泡了汤,雨水多了要冲垮田地。先吃饱饭者,筷子要规规矩矩地放在碗上,等到最后一个人吃饱时才一齐从碗上放在桌面上。吃完年饭后,还要给家里的猪、狗、牛、羊、鸡一点儿饭菜吃。就是房前屋后的果树也要"喂"一点儿年饭。吃过年饭后,各家各户围坐在火塘边"守年"。

农历四月初八,是苗族人传统的盛大节日。每年这一天,各地的苗族群众都要举行盛大的纪念和联欢活动。天还未亮,无论远近,参加"四月八"活动的苗族群众就向着纪念地点出发。男女青年都身穿鲜艳的节日盛装,特别要带上乌黑发亮的糯米饭团子——乌米饭(用南烛叶捣烂取汁拌糯米蒸制而成),姑娘们往往带得较多,那是给自己意中人准备的乌米饭,送完了,就意味着找到了如意郎君。

(二)彝族饮食习俗

彝族生活在我国西南部崇山峻岭之中,以农业为主。彝族人真诚而豪爽,食风淳厚,嗜麻辣、腌腊食品,好饮烤茶。彝族人酷爱饮酒,无论男女,几乎人皆饮酒。饮茶之习,在老年人中比较普遍,以烤茶为主,一般都在天一亮时便坐在火塘边泡饮烤茶。大多数彝族人，习惯于日食三餐，以杂粮面、米为主食。

金沙江、安宁河、大渡河流域的彝族，早餐多为疙瘩饭，即将玉米、荞麦、大麦、粟米等杂粮磨成粉，和成小面团，加水煮成面疙瘩，也称疙瘩饭，用酸菜、豆豉、辣椒等佐食。午餐以粑粑为主食，备有酒菜。粑粑是将杂粮面和好，贴在锅上烙熟；也有将和好的面发酵后，再贴在锅上烙熟。晚餐也多做疙瘩饭，一菜一汤，配以咸菜。农忙或盖房请人帮忙，晚餐也加酒、肉、煮豆腐、炒盐豆等菜品。吃饭时，长辈坐上方，晚辈依次围坐在两旁和下方，并为长辈添饭、夹菜、泡汤。

彝族人过年时，家家户户都要做"坨坨肉"。其制法是：用三块大石头架一只铁锅，加入山泉水，用松木燃煮；把牛肉、羊肉、猪肉整片整片地放在锅内煮熟，捞出剁成坨坨，盛放在竹箕之中，撒上海椒、花椒和盐，即可食用。

（三）壮族饮食习俗

壮族是我国人口最多的少数民族。在千百年的演进过程中，壮族的许多饮食习惯及食品烹调方法与周围汉族趋同，但在一些方面仍保持着本民族的特色。壮族以喜吃糯食、鱼生及热情好客著称。

花糯米饭，又称五色饭、五彩糯米饭、五色糯米饭，是壮族节庆的必备食品。逢年过节，壮族人都要制花糯米饭，互相赠送，表示祝福，也表达彼此间的深情厚谊。花糯米饭的制法如下：先用各种植物的根、茎、叶、花，经石臼舂（chōng）捣细碎后，用水浸泡或煮沸一定时间，成为不同颜色的汁液；再用这些汁液分别浸泡淘洗干净的糯米，使其着色；蒸熟后即成不同颜色的糯米饭。其色彩有黑、红、黄、绿、紫、白（大米本色）等六七种，一般取五色为多。

壮族人还喜用糯米制成粽子，称为"粽粑"。粽粑花样繁多，是壮族人的节庆食品和礼品。

壮族人喜爱拌吃生血。其做法是：将尚带热气的生猪血、生羊血、生鸡血、生鸭血倒入干净的盘中，不停地搅动它，不让它凝结；把加作料炒熟的肉和下水趁热倒下去，拌匀使血凝结，即可食用。壮族人认为生血能增血补气。

鱼生是壮族人节日待客的佳肴。将鲜嫩肥美的鲤鱼去鳞去刺，洗净后切成小薄片，拌入芝麻油、食盐、味精、葱、蒜、姜等，另备醋、黄皮酱、酱油等；食用时可根据个人口味，夹生鱼片蘸醋、酱或酱油吃，鲜嫩可口。制作鱼生的鱼必须鲜活、卫生，否则不能生食。

壮族是个好客的民族，过去到壮族村寨任何一家做客的客人都被认为是全寨的客人，往往几家轮流请吃饭，有时一餐饭吃五六家。婚丧嫁娶、盖房造屋，以及小孩满月、周岁等红白喜事，都要置席痛饮。宴席上一般有扣肉、米粉肉、猪肝、白斩鸡、清煮白肉块、烤乳猪、豆腐圆、油炸蓉（用油豆腐加工而成）、笋片、鱼片等八或十道菜。实行男女分席，但一般不排座次，不论辈分大小，均可同桌。按规矩，即使是吃奶的婴儿,凡入席即算一座,有其一份菜,由家长代为收存,用干净的阔叶片包好带回家,意为平等相待。客人一般不自己夹菜,由主人先夹最好的给客人,其他人才能下筷。按壮族人礼节,客人的碗是不能见底的,菜堆得越高越表示受尊敬。

(四) 侗族饮食习俗

侗族居住在黔、湘、桂等省区的毗连地区,喜食糯米粑与酸辣菜。侗族民间有"住不离山,食不离酸""不辣不成菜""没有辣椒不待客"的民谚。侗族不论日常与节庆,均喜食糯米食品,特别是独特的香糯米,有"一家蒸饭,全寨飘香"之说。

"侗不离酸",概括了侗家饮食习惯的一大特点。侗族家家腌酸,四季备酸,天天不离酸,人人爱吃酸。正如歌谣中所唱的那样:"做哥不贪懒,做妹莫贪玩。种好白糯米,腌好草鱼酸。人勤山出宝,家家酸满坛。"

侗民日常所食蔬菜,大部分为酸菜,如酸黄瓜、酸刀豆、酸萝卜、酸蕨菜等。酸蔬菜之外,还有酸鱼、酸鸡、酸鸭、酸肉、虾酱等腌酸制品。

一般在平坝地区的侗民,多吃粳米饭;山区的侗民,多食糯米。糯米性黏,多用于制作粽子、糍粑、糯米饭团。粽子等既能抵御饥饿,又便于携带,而且不易变质,备受侗族人民喜爱。侗族地区的糯米很多,有红糯、白糯、长须糯、秃壳糯、旱地糯和香糯等多种。其中,香糯有糯米王之称,用香糯做成的"盖箩粑"最具特色。因为侗家在娶亲过花筵礼时,用它盖在装彩礼的箩筐口上,所以叫"盖箩粑"。此外,新女婿给丈母娘拜头年,也要送盖箩粑。

侗族人结婚时,有"过花筵礼"的习俗。在姑娘出阁的头一天,女方要设酒宴款待亲友和寨邻,以感谢他们的关怀,叫作"办花筵酒"。办花筵酒所需要的粑、糖、酒、肉等,则由男方送来,叫作"过花筵礼"。花筵礼,在迎亲的前三天下午送到女方家,所送礼物除盖箩粑和 96 个糯米粑外,还有 40 公斤猪肉、20 公斤米酒、96 包糖。

农历四月八日,是侗族的"姑娘节",这是侗族青年妇女最隆重的节日。这天,姑娘、媳妇们要精心打扮,互相邀约到风景优美的地方对歌、谈心,尽情玩乐。出嫁的姑娘也要带上乌米饭、乌米糍粑回到娘家村寨,与姊妹们同庆姑娘节。乌米饭,就是黑糯米饭。其制法是,将乌柏树叶采回来洗净,在石臼内舂碎;放瓦缸内,注入清水泡数日,等到水变为深蓝色时,拌入糯米蒸制而成。乌米饭,味香、略甜、软糯、适口。乌米饭,也可趁热舂打成黑糍粑,可长期保存。吃时用火烤,或甑蒸,拌糖食用,十分可口。

(五) 瑶族饮食习俗

瑶族分布很广,有"南岭无山不有瑶"之说。这也造成了各地瑶族的生产与食俗有所差异。瑶族有的从事农业,以大米、猪、牛、鸡、鸭、蔬果为食;有的则以狩猎为业,靠飞禽走兽、野菜菌笋为生。

居住在山区的瑶民，有冷食习惯，食品的制作都考虑到便于携带和储存，所以粽粑、竹筒饭是他们喜爱的食品。瑶族喜吃油茶。热情好客的瑶民，凡客人至家，不问生熟，"概由妇女招待，敬以油茶，客能多饮，则主人喜"。

每年农历六月初六，瑶家人要过小年。

广东连南县、连山县的瑶族人，订婚聘礼中少不了盐包。盐包，由男方请的媒人送给女家。准备结婚的当年，要由男方的代表（媒人）送去聘礼，其中有盐包1个，1斤左右。因为瑶族人聚居深山，食盐十分珍贵。订婚素来不求重聘，但盐包却一定不可少。

瑶山盛产黄豆，豆类食品丰富。在婚俗上，离不开炒黄豆。在结婚的前一天晚上，新郎要找一个伴郎，一起到女家和女方及其他未婚女宾围着火塘，吃炒黄豆。黄豆要由新娘亲自动手炒。

瑶族有一些特别的饮食禁忌。如，柴火不能倒烧，火灶、火塘和煮食用的三脚架不能随意踏踩，以及神龛不能翻动等，都是日常的普遍禁忌，任何人不得触犯。崇拜盘王的瑶族，过去普遍禁食狗肉；崇拜"密洛陀"（创世神母）者，禁食母猪肉和老鹰肉。湘西辰溪县的瑶民，农历七月五日禁食黄瓜。绝大部分瑶族，禁食猫肉和蛇肉。有的地方，产妇生产后头几天禁食猪油。瑶族的饮食禁忌，往往与瑶民对氏族图腾的崇拜有关。有些禁忌，在封建族规中还作了规定，人人都要遵守。

（六）土家族饮食习俗

土家族居住在湘、鄂、川、渝、黔交界处。艰苦的生存环境，砥砺出土家人豪爽、坚忍、淳朴的民族气质，也造就了土家人甘于日常粗茶淡饭，饮食简朴，却乐于以美味佳肴热情待客、祭祖祀神的风俗习惯。

土家族的饮食习俗，受地理环境的影响很大。土家族居民所居之地，气候潮湿，地处高寒，故为驱寒散湿，有喜食辣椒的习惯。居民日常所食，多为素食，几乎餐餐不离酸菜和辣椒。土家族常将辣椒当作主料食用，而不是当作调配料。他们习惯用鲜红辣椒为原料，切开半边去籽，配以糯米粉或苞谷粉，拌以食盐，入坛封存，一段时间后即可随时食用。

每年春节前夕，土家族家家户户纷纷用猪肉熏制腊肉，为新的一年开始而做储备，或作为礼物馈赠亲友。逢年过节或来了至亲好友，土家人的餐桌上往往会摆上一碗血豆腐。血豆腐是土家族的传统菜，用新鲜的豆腐加上干净的猪血，拌以食盐、辣椒、花椒、橘皮、肥肉末，用手捏成块状，放在柴草烟上熏烤（以表面稍黑，内质稍硬为度）而成的。

糯米粑粑是土家族民间最受欢迎的食品之一。重阳节打粑粑，女儿"坐月"送粑粑，修房上梁抛粑粑。节日里馈赠亲友，一般也都是互送粑粑。

湘鄂西部土家族同胞，有提前过年或称"过赶年"的习俗。月大二十九，月小二十八过年。土家人的团年饭,除了要吃大肉外,还要吃合菜。合菜是用萝卜、炸豆腐、白菜一锅炒,然后再将猪下水、海带等一起放在锅中煮,并加调料而制成的多料合烹菜肴。

土家人平时粗茶淡饭,生活俭朴,不讲排场,但十分好客。请客吃酒席或有客临门,均要用美酒佳肴,尽其所能地款待。湘西土家人待客,喜用盖碗肉,即以一片特大的肥膘肉盖住碗口,下面装有精肉和排骨。为表示对客人尊敬和真诚,待客的肉要切成大片,酒要用大碗装。

土家族的酒席,分水席、参席、酥扣席、五品四衬席等。水席,只有一碗水煮肉,其余均为素菜,多为正席前或过后办的便席;参席,有海参;酥扣席,有一碗米面或油炸面做成的酥肉;五品四衬席,有四盘五碗,均为荤菜。入席时,座位分长幼,上菜先后有序。

（七）布依族饮食习俗

布依族长期与西南其他民族杂居,饮食习惯和许多节日既有与汉族趋同的一面,又有一些本民族的食风食俗,如嗜好酸辣食品,过年要吃鸡肉稀饭,鸡头、鸡肝、鸡肠用于敬嘉宾,部分地区有捕食松鼠、竹鼠和竹虫的习惯等。

据《布依族简史》记载:"盐酸菜是青菜加工贮藏的方法,以独山出产的最著名。盐酸初称坛酸,后改称盐酸,传说由布依族首创,明代已有,后来汉人才仿造、改进。"独山盐酸菜,初期为家家户户自做自食,后来当地汉族也学会腌制,有的还用作馈赠礼品。

布依族每逢农历三月三、六月六,都要杀鸡宰狗庆贺。尤其是六月六,贵州省的册亨、望谟、贞丰、镇宁等地的布依族人家,普遍吃狗肉和狗灌肠,并已成为世代相传的民族风俗。

褡裢粑是布依族喜爱的传统食品,因其如褡裢袋而得名。每逢农历七月十五日(中元节),布依族人家都要制作褡裢粑,作为祭祀祖先的供品。相传,两千多年前,祭祖是用当地盛产的芭蕉果和普通糍粑,后来发展为用芭蕉和糯米蒸熟加上红糖制成的甜味糍粑,之后又经多次改进形成现在的褡裢粑。蒸熟后的褡裢粑,呈长方形,色泽酱黄,香甜细腻,具有芭蕉果和芭蕉叶的特殊香味。热吃软滑细腻,冷吃清凉甜润,烙食香脆。

布依族杀鸡待客的习俗,别有情趣。为款待客人宰杀的鸡,鸡肠必须完整,剖开洗净,不得切断。切下的鸡块数,应与来客数相等。切鸡块颇有讲究,先切鸡头,而后切双腿,再切鸡身。待客时,主人先将缠有鸡肠的鸡头、鸡脖子和一些鸡血、鸡肝敬给来客中年龄最大的人,表示肝胆相照,血肉相连,常(肠)来常往。

杀牛是布依族办丧事时举行的一项很隆重的仪式。所用的牛,有的地区由丧家自备,有的地区由女婿送来。贵州普安一带,所杀的牛由女婿送来,但丧家要回赠一头大牛。

（八）蒙古族饮食习俗

蒙古族以畜牧业为主，保留着吃肉喝奶的传统习惯。蒙古族把奶食叫"白食"。白食包括奶类饮料和奶类食品。奶制饮料有鲜奶、酸奶、奶茶、奶酒等。奶制食品有奶豆腐、奶酪、奶酥、奶油、奶皮、黄油、白奶豆腐等。

蒙古族牧民习惯于早餐和午餐喝奶茶、泡炒米、吃奶皮和奶酪，晚餐吃手把肉。蒙古族人把肉食叫"红食"。蒙古族的肉类，主要是牛、绵羊肉；其次是山羊肉、骆驼肉和少量的马肉；在狩猎季节，也捕猎黄羊。肉制食品中，最具特色的是烤全羊。最常见的是手把羊肉。

烤全羊，是蒙古族在喜庆宴会和招待尊贵客人时食用的食品。在宴席中如果上烤全羊，则称全羊席。春节是蒙古族一年之中最大的节日，春节也称大年、白节、白月。从年三十到正月初五，是过年最欢乐喜庆的几天。大年三十的中午，全家要围在一起吃"手把肉"。除夕之夜要"守岁"，不灭灯火，全家老幼席地围坐在矮桌旁，桌上摆着一盘盘香喷喷的肉类、奶食品，以及糖块、美酒等。午夜开始饮酒就餐，此时儿女们要给父母和长辈敬酒祝愿。这一顿年饭，要尽量吃饱喝足，而且酒肉剩得越多越好，象征着新的一年财源滚滚，年年有余。

蒙古族嫁娶，一般包括求婚、订婚、聘礼、结婚"四步曲"。按照蒙古族的传统习惯，求婚要带哈达、美酒、糕点、糖块等礼品上门。元代以后，蒙古族尚"九"数。聘礼"以家之贫富定牛马之多寡。牛羊之数，以九为起点，自一九至五九、六九，至多不得过八十一头，取九九长寿之意。极贫不能具九数，则尚奇数，自一头至五、七头不等，与内地对偶之意绝异"。

蒙古人向来好客，奶茶是待客的上品，主人敬茶讲究茶叶好、调煮好、礼貌好。蒙古民族中有"浅茶满酒"之俗。主人敬酒，客人要双手接。

（九）维吾尔族饮食习俗

生活在西北边陲、天山南北的维吾尔族，信奉伊斯兰教。由于独特的地理环境、气候物产和宗教文化的共同作用，形成了维吾尔族人喜食牛羊、奶酪、馕与抓饭，讲究饮食卫生和礼节，不吃猪、马、骡、狗、自死牲畜和动物血液的独特饮食风俗。

维吾尔族以面食为主，最常吃的有馕、羊肉抓饭、包子、面条等。烤全羊，是维吾尔族高级宴会上的常备传统佳肴。维吾尔族十分重视传统节日，特别以过古尔邦节最为隆重。届时，家家户户都要宰羊、煮肉，制作各种糕点、炸馓子、烤馕等。屠宰的牲畜不能出卖，除将羊皮、羊肠送交清真寺和宗教职业者外，羊肉分为三份：一份自己食用，一份送亲友邻居招待客人，一份济贫施舍。血液、粪便以及食后的骨头等残渣余物，均须深埋，不得随便乱丢。

每年伊斯兰教历九月,是教徒斋戒的月份,称为斋月。在封斋的一个月中,只在日出前和日落后进餐,白天绝对禁止任何饮食。

(十)鄂伦春族饮食习俗

鄂伦春族过去一直以各种兽肉为主食,尤以狍子肉居多,一般日食一两餐,用餐时间也不固定。冬天,在太阳未出前用餐,餐后出猎;夏天,则早晨先出猎,猎归以后再用早餐。近代以来,鄂伦春族人逐渐建立村落,开始农耕,作物有小麦、玉米和土豆,并开始发展养殖业,以养鹿闻名。随着林区人口日渐稠密和《野生动物保护法》的实施,所能捕获的野兽日渐稀少,鄂伦春族原来以肉为主食的饮食习惯已基本上被米面加蔬菜的食物所代替。米面制品不断增多,如用大米或小米煮成的苏米逊(稀饭)、老夸太(黏粥)和干饭,用面粉制作的高鲁布达(面片)、卡布沙嫩(油饼)、面包、饺子也很常见。

鄂伦春人过去热衷于猎获大兽,如狍、鹿以及野猪等,而对一些飞禽和小兽则不太感兴趣。他们逐渐掌握了一些烹制食用兽肉的方法,如生食、煮食、烧食、干制等。

鄂伦春人的饮食禁忌很多。比如,规定妇女在月经期或是在产期内,不能吃野兽的头和心脏,因为这些都是祭神所需要的东西。每次饮食要先敬火神。不准向"仙人柱"(住人的窝棚)中升起的烟火吐痰、洒水,不准烧进火星的木柴。不许射击正在交配的野兽,要等交配完了再射击。猎获鹿、熊等野兽后,开膛时心脏和舌头须连在一起,不能随便割断;否则,以后就不能再把这种野兽引来。此外,在夫妻丧偶之后,其配偶三年内不能吃肠和头肉。已出嫁的妇女回到娘家时,不许刷锅。

(十一)满族饮食习俗

满族的饮食特点,既有其民族传统,同时又有我国北方寒冷地区农耕民族的共性。

满族的饽饽,历史悠久,清代即成为宫廷食品。饽饽是满族重要的主食。满族有灌制血肠的习俗,多在腊月杀猪时制作。满族人爱吃白煮肉。满族吃白肉是有传统的,《清稗类钞》记载:"满洲贵家有大祭祀或喜庆,则设食肉之会。无论旗汉,无论识与不识,皆可往。"

满族许多节日与汉族相同。春节是中国古老又至为隆重的节日,也是满族人最重视的节日。满族人趋吉心理极强,十分讲究讨吉祥,有除夕守岁、初一食饺子、食年糕、宴饮的习俗。吃年糕,寓示年年高;吃饺子时,在一个饺子中放根白线,谁吃到了便意味着在新的一年里有财运。中秋节,满族除了一家团聚食月饼外,还要吃一顿丰盛的晚餐,并供上各种干鲜果及月饼赏月。农历腊月初八(腊八节),要用黏高粱米、小豆等八样粮食煮粥,称为腊八粥。

（十二）藏族饮食习俗

青藏高原上的藏族文化，别有风韵。青藏高原的高寒坏境，致使藏族人民的饮食、风俗习惯有别于北部游牧世界的其他民族。由于受到神秘的印度佛教文化的浸染，这里的游牧文化又弥漫着宗教文化的神秘气氛。绝大部分藏族人，以用青稞炒熟磨粉制成的糌粑为主食。特别是在牧区，除糌粑以外，很少食用其他粮食制品。

在民间，藏族无论男女老幼，都把酥油茶当作必需的饮料，有"不喝酥油茶就脑壳痛"的说法。藏族过去很少食用蔬菜，副食以牛、羊肉为主。藏族食用牛、羊肉讲究新鲜。在宰杀牛羊之后，立即将大块带骨肉入锅，用旺火炖煮，刚熟时捞出来吃，肉鲜嫩不腻，越吃越有味。

青稞酒是藏族民间特有的酒。青稞酒在藏族日常饮食中，不可缺少，尤其是逢节日或婚嫁喜庆，青稞酒更是餐餐必饮。

藏族普遍信奉喇嘛教。藏族许多传统节日与宗教活动有关。藏历年是藏族民间最大的传统节日。藏族人民从藏历十二月上中旬，就做过年的准备：家家户户浸泡青稞，然后用酥油、白面、糖炸"喀赛"。新年前夕，各家还要准备一个叫"切玛"的五谷斗：里面装一半炒熟的麦粒和黄豆，一半糌粑面和人参果（蕨麻的块根），上面插青稞穗，点缀一些小块酥油。有的还用酥油雕塑一个彩色的羊头，称为"隆过"。

初一是新年，家家户户的屋顶上燃起象征吉祥的松脂，屋里摆出预祝丰收的青稞和麦穗。天不亮，妇女便到河边背"吉祥水"。长辈端来五谷斗，每人抓一点儿吃。长幼之间互祝新年好。

除过藏历年外，每年藏历七月一日要过"雪顿节"。雪顿节，原意为"酸奶宴"。届时，家家都要制作大量的酸奶食用，后来又增加了演藏戏的内容。节日期间，很多人要提酥油筒、茶壶、保温瓶，带上食品到风景优美的地方饮茶喝酒。在每年秋收以前，要过"望果节"。过望果节时，要互相宴请并进行各种野餐活动，以迎接秋收。此外，还要过"沐浴节""隆冬节"等传统节日。

藏族传统宴席，为分餐式，无饭、菜、小吃之分。首道为蕨麻米饭，次道为肉脯，第三道为猪膘，第四道为奶酪，第五道为血肠等，还可以上很多道，最后一道为酸奶。首道和最后一道必须食用，前者象征吉祥，后者表示圆满。吃饭时讲究食不满口，嚼不出声，喝不作响，拣食不越盘。用羊肉待客，以羊脊骨下部带尾巴的一块肉为贵，要敬给最尊敬的客人。制作时，还要在尾巴肉上留一绺白毛，表示吉祥如意。

本章小结

本章介绍了饮食习俗的不同类型——年节食俗、人生礼仪食俗、宗教食俗和少数民族食俗。年节食俗、人生礼仪食俗各具特征,宗教食俗和少数民族食俗又有其特殊性,不同时间、不同地方、不同区域的饮食风俗各有差异。通过对饮食习俗的探讨,可以使我们更好地了解中国的饮食文化。

 **思考与练习**

一、名词解释

1.年节

2.饮食习俗

二、选择题

1.春节的主要食俗是(   )。

A.饮屠苏酒   B.吃元宵   C.登高   D.吃腊八粥

2.伊斯兰教食俗中忌讳吃(   )。

A.牛肉   B.活禽   C.猪肉   D.无鳞鱼

3.农历四月八日是(   )族的节日。

A.壮   B.苗   C.傣   D.彝

三、简答题

1.试述中国主要的传统年节食俗。

2.我国主要少数民族的饮食风俗有哪些?

四、分析题

1.简要分析佛教、伊斯兰教、基督教及我国道教的食俗特点。

2.结合实际谈谈在烹饪工作中要注意哪些食俗。

第六章

中国烹饪文化

学习目标

- 了解中国烹饪的文化积淀;
- 熟悉中国传统的养生观念和饮食结构;
- 掌握中国菜肴和筵宴的艺术表现。

第一节　烹饪文化积淀

烹饪文化积淀,是指饮食文化遗产,包括专门记载和论述饮食烹饪之事的烹饪典籍,涉及烹饪之事、反映饮食思想的哲理,用饮食烹饪之事来表达某种事物和进行社会交往的口头与书面的语汇等。

一、烹饪典籍

烹饪典籍,指专门记载和论述饮食烹饪之事的著作,如食经、论著、茶经、酒谱。

(一)食经类

包括食谱、菜谱、食账、食单等方面。其内容有烹饪技术理论著作、原料专著、营养专著、综合性食谱、地方风味食谱、蔬素食谱、家庭烹饪技术、宫廷食谱、官府食谱等。这些著作从不同的历史时期和不同的角度,记载了烹饪物质文化与精神文化发展的轨迹。

1. 直接称作《食经》的书

直接称作《食经》的书有许多。其中,北魏卢氏所著的《食经》是我国最早的烹饪专著。卢氏,涿(今河北省涿鹿县)人,崔浩母。《食经》是卢氏记录家庭饮馔的著作,该书已佚,其内容概貌,仅可从崔浩序文窥知一二。

隋代谢讽的《食经》,记载了南北朝、隋朝食品名目约 50 种,如"越国公碎金饭""永加王烙羊"等都是王公贵族饮馔。《食经》虽只记载了菜名,但仍可以看出隋以前某些馔肴制作技术是很高超的。如"飞鸾脍",就是用带铃的鸾刀薄切出来的,厨师运刀切脍若飞,技艺不凡。"北齐武成王生羊脍"这一道菜,表明南北朝之时已开始食用羊肉做的脍了,并非只用鱼才能做脍。

2. 唐韦巨源的《烧尾宴食单》

食账、食单都是菜单、菜谱的古称。《清异录》记:"韦巨源拜尚书令,上烧尾食,其家故书中有食账。"由此可知,"食账"便是菜谱。有的古籍又把韦巨源献给唐中宗的"烧尾食"称为"食单"。宋代郑望的《膳夫录》记"韦仆射巨源,有烧尾宴食单"。所谓"烧尾"是指唐时世子登第或升迁时的贺宴。我们现在所能看到的仅是《清异录》转述的"择奇异者略记"的 58 个菜点品种,饭食点心有饼、面、膏(糕)、饭、馄饨、粽子等,菜肴有用鱼、鳖、鸡、鹅、鸭、羊、牛、熊、鹿、狸、兔等为原料制成的各种荤食。每种菜饭名目下,都有简注,说明主料或制法。如生进二十四气馄饨注称:"花形馅料各异,凡二十四种。"金银夹花平截注称:"剔蟹细碎卷。"

3. 清袁枚的《随园食单》

《随园食单》是清代中叶著名文士袁枚辞官后,在江宁(今南京)小仓山建的"随园"中写的。该书较系统地总结了前人的烹饪经验,从正反两个方面阐述了一些烹饪技术理论问题。全书有序和须知单、戒单、海鲜单、特牲单、江鲜单、杂牲单、羽族单、水族有鳞单、水族无鳞单、杂素菜单、小菜单、点心单、饭粥单、茶酒单 14 单。在须知单中,主要讲述烹饪饮食的理论,列了先天、作料、洗刷、调剂、配搭、独用、火候、色臭、迟速、变换、器具、上菜、时节、多寡、洁净、用纤(芡)、选用、疑似、补救、本分 20 条须知;戒单,列了戒外加油、戒同锅熟、戒耳餐、戒目食、戒穿凿、戒停顿、戒暴殄、戒纵酒、戒火锅、戒强让、戒走油、戒落套、戒混浊、戒苟且 14 项。在各种菜单中,介绍了 73 种宫廷与官府菜,90 种市肆菜点,126 种民间菜点,53 种民族及地方与寺院菜点,共达 342 种。《随园食单》的理论价值表现在,除了"序"中所述和 20 条"须知"、14 项"戒"外,在每一种"单"的题目下,都有精辟的说明,使读此书的人立即能抓住烹饪要义。该书为清代烹饪文献之集大成者,也是研究中国烹饪史和烹饪理论的重要文献,更是厨师提高技术素质、研究古代菜点及其烹制方法的指导性书籍,长期被公认是厨艺著述的经典之作,广泛地在国内流传,并受到国外烹饪界的重视。《随园食单》在乾隆五十七年(1792 年)出版后,不久就传入日本,有多种日译本。

4. 元忽思慧的《饮膳正要》

《饮膳正要》是养生与烹饪密切结合的一部学术专著。医学家将此书列为食疗养生学著作,烹饪学则认为可以列入食经门类。这部书是元代宫廷饮膳太医、蒙古族人忽思慧根据他管理宫廷饮膳工作十多年的经验和所掌握的中国养生学的广博知识,在赵国公常普兰奚领导下编著的。忽思慧根据中国少数民族的饮食经验研究饮食烹饪,并大量吸收历代药食同源经验,使此书别具特色。全书分三卷:第一卷载"聚珍异馔"94 种,并有"三皇圣纪""养生避忌""妊娠食忌""乳母食忌""饮酒避忌"等内容;第二卷"诸般煎汤"56 种,"诸水"3 种,所谓"神仙服饵"24 种,"食疗诸病"方 61 种,并有"四时所宜""五味偏走""食物利害""食物相反""食物中毒""禽兽变异"等内容;第三卷载烹饪原料、调味料、酒共计 228 种。

5. 指导千家万户厨务的"食经"

宋代浦江吴氏《中馈录》、清代曾懿《中馈录》、清代顾仲《养小录》都很有价值。吴氏《中馈录》,据《古今图书集成·食货典》所载,收录了"脯鲊""制蔬""甜食"三部分,类下即分列食物名称,然后按每种食物注明烹制法。"脯鲊"类列有:蟹生、炙鱼、水腌鱼、炉焙鸡、蒸鲫鱼等 20 多种荤菜的制法(并有一节"治食"之法)。"制蔬"类则有:糖蒸茄、酿瓜、蒜瓜、三煮瓜、蒜苗干、糟茄子法、糟萝卜方、糟姜方、干闭瓮菜、撤拌和菜、蒸干菜、鹌鹑茄、食香瓜茄、糟瓜茄等近 40 种生熟素菜的制法。"甜食"类有:炒面方、面和油方、雪花酥、粽子法、馄饨法等 15 种糕点与小吃的制法。此书共计三部分 75 种馔肴、点心制作方法,是供家庭主妇学烹饪用的,实用性很强。

曾懿的《中馈录》,是川味家庭烹饪食经。他在书中介绍了家常必备的食物制作方法 20 种,即使文化程度较低的家庭主妇也能读懂。全书 20 节,除总论外,分别记述了 20 种食物的制作方法或附有保藏方法,有制宣威火腿法、附藏法、制香肠法,制肉松法、制鱼松法、制五香熏鱼法、制糟鱼法、制风鱼法、制醉蟹法、制蟹肉法、制皮蛋法、制糟蛋法、制辣豆瓣法、制豆豉法、制腐乳法、制酱油法、制甜浆法、附制酱菜法、制冬菜法、制盐菜法、制甜醪酒法、制酥月饼法,皆家庭常备使用的食品制法。

顾仲的《养小录》,记载了饮料、调料、蔬菜、果品、荤食、糕点等 190 余种制法。因作者系浙江嘉兴人,馔肴以浙江风味为主,但也兼及中原和北方的食品。书中的"餐芳谱"别开生面,竟收录了花、苗、叶、根等 76 种植物入菜。此书所录的一些品种制作简单,又别具风味,反映出馔肴设计者的巧妙构思。

6. 素食食谱

以蔬食为主的食谱,宋代林洪的《山家清供》和清代薛宝辰的《素食说略》当属佳作。

《山家清供》共记饮馔之品 100 种。其实,全书列项共 104 则,其中,有烹茶一则,制酒二则,"银丝供"一则(系记张约斋的逸事,非菜肴),故当为 100 种馔肴。该书所述以素食为主,亦有少量的荤菜,如饭、羹、汤、饼、粥、面、糕、脯、肉、鸡、鱼、蟹等。其中,不少品种是用中草药加工制配的食疗饮馔,不仅制法奇特,馔肴名称也很有雅趣。水芹,因杜甫诗有"香芹碧涧羹"之句,林洪便称为"碧涧羹";清面菜汤,称为"冰壶珍";芋艿裹湿纸,涂以酒糟,入糠中煨熟,称为"土芝丹"等。在书中,饮馔之品皆标明名称,叙述名称的来由或典故、用料及烹饪方法,并引诗句评语说明其特色。

《素食说略》系清宣统年间,文渊阁校理、陕西长安县人薛宝辰所著。此书记述了清末比较流行的近200个素菜品种。作者说书中所记"作菜之法,不外陕西、京师旧法"。他认为"菜之味在汤,而素菜尤以汤为要",所选的"高汤,乃是胡豆、胡豆芽、黄豆芽、黄豆、冬笋、蘑菇,以及萝卜与胡萝卜合制的汤",与今人所谓的必须用母鸡等炖的"高汤"不同,对于启发事厨者用素料制汤当有补益。此书特点有二:其一,反映的是陕西、京师(北京)地方素食的特色;其二,皆常见菜蔬,并曾为著者亲自尝食,是实际经验的记录。

7. 记载地方风味为主的食谱

记载地方风味为主的食谱、菜谱,以《云林堂饮食制度集》《醒园录》《调鼎集》等书,最具代表性。

元代无锡人倪瓒所撰《云林堂饮食制度集》,记载了50种菜肴、饮料的制法,部分地反映了苏南的饮食风貌。

《醒园录》的作者是清乾隆时期的四川人李化楠,但该书系由其子、诗人李调元整理编纂刊印而成。此书记载烹调、酿造、糕点、小吃、饮料、食品加工、食品保藏等法121则,既有四川风味的菜点,也有江浙一带的风味菜点,甚至还有东北地区与满族同胞的烹调经验介绍。正文未分类目,但基本上按类集中,在每个名目下记载原料名称、数量、制作方法及过程,以及食用与收藏方法等。

《调鼎集》(共十卷)是清代中期的烹饪书。作者为谁,尚无定论。有人考证认为,系盐商童岳荐所撰。本书内容丰富,记述广博。据成多禄为此书所写的序说,《调鼎集》的内容"上则水陆珍错、羔雁禽鱼,下及酒浆醯酱盐醢之属,凡周官庖人亨人之所掌,内饔外饔之所司,无不灿然大备于其中,其取物之多,用物之宏,视《齐民要术》所载物品饮食之法尤为详备"。此书罗列各类菜肴,以江南饮馔为主,既是研究中国烹饪史、烹饪理论与技术的重要典籍,也是挖掘传统古菜的重要参考资料。

8. 记载烹饪原料及其性味、功能的书籍

记载烹饪原料及其性味、功能的文献,不能忽略元明时贾铭的《饮食须知》、清代王士雄的《随息居饮食谱》。

《饮食须知》的作者贾铭是位老寿星,享年106岁。此书多从中医养生学谈饮食配伍的利弊,对于事厨者合理配菜极有参考价值。全书8卷,除水火外,收录了谷、菜、果、味、鱼、禽、兽373种。该书记述了原料的性味及食用方法,以阐明物性的相反相忌为主,并指明食之损益,类似现代的饮食营养卫生类著作。

《随息居饮食谱》的作者王士雄精通医学,他从中医养生学角度系统地叙述日常饮食原料的性味、功能,共 359 种(除所附淡巴菰、亚片)。全书分 7 类:水饮第一,谷食第二,调和第三,蔬食第四,果食第五,毛羽第六,鳞介第七。类下每列一饮食品,各先述其性味,次述营养及可医疾病与效用,有少数饮食述其食用方法及烹调方法,饮食相忌相宜。名为饮食谱,实重食疗养生。

9. 综合性食谱

《易牙遗意》《宋氏养生部》《食宪鸿秘》,是较有价值的综合性食谱。

《易牙遗意》是元明之际的韩奕撰写的,涉及酿造、脯鲊、笼造、炉造、蔬菽果实、饼饵茶汤,内容丰富。

《宋氏养生部》的作者系明代宋诩,共 6 卷,载 300 余种食品的加工方法和贮藏方法,既有日用之品,也有山珍海味。其内容博闻广记,不仅有多样品种,而且记有各种制作方法。例如,面食品种有面条、馄饨、包子、汤角、馒头、蒸卷、薄饼、春饼、蒸饼、糕、千层饼、回回蒸饼、酥皮角儿、蜜酥饼、芝麻叶、猪耳、巧花儿等 40 多种。各种制作方法叙述甚详,如"炙鸭:全体用肥者,卤汁中烹熟,将熟油沃,架而炙之"。

《食宪鸿秘》传为清末朱彝尊所撰。该书记述了 400 多种菜肴、面点、饭粥、饮料等的制法。全书分上、下卷,主要按原料所属归类,在各属之下,以品种列目,逐一详记制作方法。此书兼采南北菜点,比较详细地阐述了清代初期高超的烹调技术。书中还有至今仍在流传的鲁菜品种及其烹调方法,如"卷煎""提清汁法""炒腰子"等。

(二)论著类

1. 专论

《斫脍书》是一本唐代的谈烹饪技艺的刀工专著。原著已失传,但在明代博物家李日华写的《紫桃轩杂缀》一书中,可见其部分风貌:"苕上祝翁罨(yǎn)溪,家传有唐人《斫脍书》一编,文极奇古。首篇制刀砧,次别鲜品,次列刀法。有小晃白、大晃白、舞梨花、柳叶镂、对翻蛱(jiá)蝶、千丈线等名,大都称其运刀之势与所斫细薄之妙也。末有下豉盐及泼沸之法。中云:蔚香柔花叶为芼,取其殷红翠碧,与银丝相映,不独爽喉,兼亦艳目。"从这个记载中可以看出,唐代时仅是制作鱼、牛、羊等各种脍,其细、其薄,已达到了很高的水平;运用各种刀法成形的刀口刀面,已有不少充满诗情画意的名称。

李渔的《闲情偶寄·饮馔部》,也是一部见解精到的著作。作者是清代著名的戏曲理论家,对饮食烹饪之道亦颇留心。他崇尚饮食"渐近自然",因而在书中首论蔬菜,次编谷食,三列肉食,依次发表见解。李渔认为蔬食美之所在,就"在一字之鲜";做饭粥之品的要领在于,"粥水忌增,饭水忌减";要重视羹汤制作,"宁可食无馔,不可饭无汤";制作糕饼的精要是,"糕贵乎松,饼利于薄"等。在《颐养部》

中,李渔还提出了"爱食者多食,怕食者少食,太饥勿饱,太饱勿饥,怒时哀时勿食,倦时闷时勿食"的主张,大多数议论与现代营养科学认识相吻合。

《厨者王小余传》是袁枚为其家厨王小余写的称颂厨德、厨艺、厨技的传记。袁枚曾用过好几位家厨,招姐、杨二、王小余都是。王小余在袁枚家事厨约十年,他们之间有很深的交往。此传刻画人物细致入微;议论厨政,详略得当;设问应对,立意深邃。一位敬业、守职、艺精的厨师形象,跃然纸上,呼之欲出。论厨事,必涉选料、刀工、火候、调味。袁枚仅述王小余选料"必亲市物",掌握火候时"雀立不转目",调味"未尝见染指之试",足见其烹艺之娴熟。传中,袁枚并未列数王小余善烹多少菜点,亦未涉及如何制作山珍海味,按《随园琐记(下)》述《随园食单》所记之馔肴皆为"家传食品"之说,王小余能烹制鲍、参、翅、肚、鸡、鸭、鹅、兔等上百种荤素菜肴。袁枚舍繁就简,点出王小余每治具"不过六七,过亦不治",但食客品享他做的菜到了"欲吞其器者,屡矣"的境地,赞誉其技艺超凡。

2. 兼论

《士大夫食时五观》这篇文章,是宋代黄庭坚写的。黄庭坚有感于士人君子贪美食以至忽视道德、礼仪的修养,弊端丛生,参照佛教"食时五观",提出了饮食的五条简明标准:一要想到饮食来之不易,"一人之食,十人劳作""家居则食父祖心力所营,虽是己财,亦承余庆;仕宦则食民之膏血,大不可言"。吃饭要注意节俭,不可铺张浪费。二要想到自己的德行。儒家圣贤要求士人君子的德行"始于事亲,中于事君,终于立身",三个方面缺一不可。若缺某种德行,"则当知愧耻,不取尽味"。三要懂得"防心离过,贪为宗",所以要防止"美食则贪,恶食则嗔,终日食而不知食之所从来则痴"。即是说,君子不能看到美食就拼命地吃,看到粗茶淡饭就讨厌,天天吃得酒足饭饱,却不知道食物的来源,饱食终日,无所用心。四要想到"五谷五蔬以养"人,饮食要知足,"知足者举箸常如啜羹"。五要记住"君子不素餐",即不能无功食禄,不劳而食。黄庭坚提出的这五条饮食要求,对于个人修身养性,提高道德水平,是有积极意义的。

《清稗类钞》的作者徐珂,在他编撰的"饮食类"中,也对饮食作了论述。他就中西饮食作了比较:"西人当谓世界之饮食,大别之有三。一我国,二日本,三欧洲。我国食品宜于口,以有味可辨也。日本食品宜于目,以陈设时有色可观也。欧洲食品宜于鼻,以烹饪时有香可闻也。其意殆以吾国羹汤肴馔之精,为世界第一欤?""欧洲各国及日本各种饮食品,虽经制造,皆不失其本味。我国反是,配合离奇,千变万化,一看登筵,别具一味,几使食者不能辨其原质之为何品,盖单纯与复杂之别也。博物家言我国各事与欧美各国及日本相较,无突过之者。有之,其肴馔乎? 见于食单者八百余种。合欧美各国计之,仅三百余,日本较多,亦仅五百有奇。"徐珂提出要加强饮食之研究,建议研究食物分类、食品功用、食物配置、素食利弊、饮食法改良等 17 个问题。他自己对饮食卫生、宴会食品改良等问题,发表了不少高见。

《建国方略》是孙中山先生的著作,其中关于饮食的议论,见解十分精辟。孙中山从中外饮食比较、烹饪与文明的关系等角度进行研究后说:"我中国近代文明进化,事事皆落人之后,惟饮食一道之进步,至今尚为文明各国所不及。"对于中国人的食品,孙中山肯定"极合于科学卫生"。他列举猪血、豆腐等"种种食物,中国自古有之,而西人未知者不可胜数也"。他说:"以黄豆代肉类,是中国人之发明。""夫豆腐者,实植物中之肉料也。此物有肉料之功,而无肉料之毒。""现今食肉诸国,大患肉类缺乏,是必须有解决办法。故吾意国际发展计划中,当以黄豆所制之肉乳油酪输入欧美,于诸国大城市设立黄豆制品工场,以较廉之蛋白质食料供给西方人民。"

对于中国人的饮食习尚,孙中山评论道:"中国人之饮食习尚暗合于科学卫生,尤为各国一般人所望尘不及也。中国常人所饮者为清茶,所食者为淡饭,而加以蔬菜豆腐。此等之食料,为今日卫生家所考得为最有益于养生者也。故中国穷乡僻壤之人,饮食不及酒肉者,常多上寿。又中国人口之繁昌,与乎[夫]中国人拒疾疫之力常大者,亦未尝非饮食之暗合卫生有以致之也。倘能从科学卫生上再做功夫,以求其知,而改良进步,则中国人种之强,必更驾乎今日也。"

(三)茶经酒谱类

1. 茶经

世界上第一部论述茶叶的科学著作,乃是唐代陆羽的《茶经》。此书三卷,从茶的本源说起,怎么采茶、制茶,怎么煮茶、饮茶,以及有关从古至唐的茶事记载、茶叶的产地等,都有精彩的记载和论述。陆羽指出,茶源于中国南方。在唐代,南方泛指山南道、淮南道、江南道、剑南道、岭南道。并说,唐代时各地均产。茶作为饮料,"发乎神农氏,闻于鲁周公""盛于国朝"(国朝即唐朝)。还提到,两都(指西安、洛阳)并荆渝(指江陵、重庆)间,已到了家家户户都饮茶的地步。

《茶经》问世之后,广为流传,直至海外。《茶经》之外,还有唐代人苏廙著《十六汤品》、张又新著《煎茶水记》、温庭筠撰《采茶录》。唐以后,菜谱、茶录、茶论、品茶要录、茶董、茶疏、茶笺、茶苑、茶说、茶解、茶话、茶考、茶集、茶史、叶嘉传等,一大批论述茶叶性状、功能、饮茶方法及饮茶逸闻趣事的书,陆续问世。宋代蔡襄的《茶录》、宋徽宗的《大观茶论》、熊蕃的《宣和北苑贡茶录》,明代顾元庆的《茶谱》、高濂的《遵生八笺》,清代陆廷灿的《续茶经》等著作,丰富和发展了茶叶科学,为茶文化的发展作出了积极的贡献。

2. 酒谱

酒的专著和写制酒方法的书,都可以称为酒谱。宋代窦苹的《酒谱》、张能臣的《酒名记》、朱翼中的《北山酒经》、李保的《续北山酒经》,元代宋伯仁的《酒小史》,明代冯时化的《酒史》、无怀山人的《酒史》等,都是酒的专著。在写酒的著作中,清代郎廷极编著的《胜饮篇》特别值得一读。作者曾任江西总督,他留心搜集历代有关酒的资料,编成该书。全书 18 卷:一述饮酒的"良时",二述饮酒的"胜地",三述历代饮酒的"名人",四述饮酒的"韵事",五述饮酒的"德量",六述饮酒的"功效",七述历代言酒的"著撰",八述酒的"政令",九述酒的"制造",十述酒的著名"出产";从 11 至 18 卷,则分述酒的名号、饮酒的器具及箴规、疵累、雅言、杂记、正喻、借喻。该书简直就像一部关于酒的"百科全书"。

二、饮食文献

(一)经史方志

1. 经书、史书

中国的道家、佛教与儒家都有各自的经典,如道家的《道德经》、佛教的大乘经和小乘经、儒家的《论语》等,在这些经书中都有各自的饮食主张。道家饮食,崇尚自然;儒家饮食,崇尚礼乐;中国汉地佛教,崇尚素食。这些饮食主张,对中国烹饪理论与实践产生了深刻的影响。

史书,主要是指历代官修的正史。官修的正史,传统认为是二十四史或二十五史。在正史的纪志表传中,有一定数量的饮食烹饪史料记载。凡有《志》的正史,礼乐志均有当时饮食礼仪甚至馔肴的名称。地理志,多是各地物产甚至民俗的史料;食货志,则有国家财政经济的资料;列传,记载了相当数量的人物与饮食有关之事。《西京杂记》卷二就有古代杂烩"五侯鲭"为楼护所创的记载;《晋书》的何曾、何绍、王济、王恺及石崇传,则有他们"庖膳穷水陆之珍"的记载。

2. 方志

方志,指地理志和地方志。从方志的记载中,可以看出一个地方的疆域、城隍、田土、户口、物产、风俗、食货、人物、文学、艺术、历史等情况。方志中也有饮食烹饪的资料,对于了解一个地方的烹饪文化、烹饪技艺情况,是非常宝贵的。

(二)医书农书类

1. 医书

从《黄帝内经》《神农本草经》开始,到明代李时珍的《本草纲目》,在众多的医书中,直接写食疗营养的著作,有唐代孙思邈的《备急千金要方·食治》(也称《千金食治》)、孟诜的《食疗本草》,五代南唐陈仕良的《食性本草》、元代吴瑞的《日用本草》、明代汪颖的《食物本草》等。

《千金食治》一书,论述了日常生活饮食烹饪所用的果、菜、谷、肉的性味功能及服食禁忌与食疗功效。书中记述了 29 种果实,58 种蔬菜,27 种谷米,40 种鸟兽,并附录了一些虫、鱼。

《食疗本草》收集了唐代初期本草书中未录之品,如鳜鱼、鲈鱼、黄花鱼、蕹菜、菠菜、莙荙、莴笋、胡荽、绿豆、白豆、荞麦等。此书还特别收录了许多动物脏器的食疗方法和菌藻类食品的医用方法;同时,还比较了南、北方不同的饮食习惯及食用同一物的不同效果,对于饮食烹饪很有借鉴作用。

2. 农书

农书虽是以农业为主的古籍,但其中也不乏对饮食烹饪之事的记载。在东汉崔寔的《四民月令》中,记载了酒、酱、饴糖、脯腊、果脯、腌菜、酱瓜等的制作时间。如,正月可"作鱼酱、肉酱、清酱",还可"命典馈酿酒"(典馈是专管酿造和馔治饮食的管家);四月则"取鲖鱼作酱";十月应"酿冬酒""作脯腊"。

《齐民要术》为北魏贾思勰所著,这是中国至今保存最完整的一部古农书。全书 92 篇,分为 10 卷,其中有 26 篇是讲食品加工和烹饪技术的。讲烹饪的篇章,较系统地总结和记载了北魏以前黄河流域烹饪技术发展的状况,造曲酿酒,做饭做饼,做酱做鲊,煎、炒、烤、炙、蒸、煮、烧、腌,菜肴,羹汤,无所不备。仅"作菹藏生菜法"就收录了葵、菘、芜菁、蜀芥的咸菹法、汤菹法、酿菹法、葵菹法、鲊菹法、蒲菹法、藏越瓜法、藏梅瓜法、酿瓜菹酒法、瓜菹法、瓜芥菹法、苦笋紫菜菹法等近 30 种泡菜、腌菜的方法。《齐民要术》引述的一些饮食资料,对于后人研究中国烹饪历史和技术的发展、演变,具有重要作用。

《四时纂要》为唐末五代初韩鄂所著。此书收录了酿造 34 条,制汤 2 条,乳制品 3 条,油脂加工 6 条,淀粉加工 6 条,食物腌藏和贮藏 20 条。

(三)诗词歌赋

1. 诗词

我国古诗词中,有许多描述饮食烹饪的诗句。李白的诗,十有八九不离酒。"诗圣"杜甫写饮食的诗,达数十首。苏东坡的烹饪诗,也有数十首。陆游的诗,上百首与饮食烹饪有关。唐李峤的《咏卫象饧丝结》、杜甫的《阌(wén)乡姜七少府设鲙戏赠长歌》、宋苏东坡的《安州老人食蜜歌》,明李流芳的《莼羹歌》、陈函辉的《买油歌》、王祯的《芟(shān)麦歌》等,都是脍炙人口的描写饮食的诗词。如:

杜甫对一次酒宴的吟咏:"长安冬菹酸且绿,金城土酥净如练。兼求畜豪且割鲜,密沽斗酒谐终宴。"《病后遇王倚饮赠歌》的诗句大意是:长安冬天的泡菜又酸又绿,金城(今西安西兴平县)的乳酪洁白如练,割来的鲜肉和就近买来的酒,使得这桌酒宴和谐、完满。

白居易诗赞胡麻饼:"胡麻饼样学京都,面脆油香新出炉。寄与饥馋杨大使,尝看得似辅兴无。"(白居易《寄胡饼与杨万州》)

对食品操作技艺的描写,如刘禹锡的《寒具》诗云:"纤手搓来玉数寻,碧油煎出嫩黄深。"

我们还可从几种调味品和蔬菜来了解诗词对饮食的描述。

先看花椒。明僧宗林有《花椒》诗:"欣欣笑口向西风,喷出玄珠颗颗同。采处倒含秋露白,晒时娇映夕阳红。调浆美著骚经上,涂壁香凝汉殿中。鼎馎也应加此味,莫教姜桂独成功。"唐王维《椒园》写道:"桂尊迎帝子,杜若赠佳人。椒浆奠瑶席,欲下云中君。"唐代诗人裴迪《椒园》中又有:"丹刺胃(juàn)人衣,芳香留过客。幸堪调鼎用,愿君垂采摘。"杜甫、白居易、李贺、孟浩然等人,也有歌咏花椒的诗句。从所引的诗赋可以看出,花椒是有多种用途的。据《三辅黄图》记载,汉代未央宫"椒房殿",即皇后的起居室"以椒和泥涂,取其温而芬芳";《太平御览》引《汉宫仪》说,"以椒涂室,主温暖除恶气";《东汉会要》说,"椒房:后妃以椒涂壁,取其繁衍多子"。《史记》《淮南子》还记载,古时人们好闻椒的香味,妇女常将椒揣在身上以取其芳,像今人用香水那样使用。

再看葵菜。这是很受古人重视的圃蔬,曾被列为"百菜之主""蔬茹的上品"。现在,四川等地还将葵菜列为常食的佳蔬。描述葵菜的诗赋很多。南朝宋鲍照的《园葵赋》只用了 336 个字,就把葵菜的种植、生长、采摘、烹饪、食用及其在蔬菜中的地位作了生动的描绘。唐白居易的《烹葵》诗言:"昨卧不夕食,今起乃朝饥。贫厨何所有,炊稻烹秋葵。红粒香复软,绿英滑且肥。"李白的"园中烹露葵",王维的"烹葵邀上客",苏轼的"煮葵烧笋饷春耕",陆游的"葵羹出酾(fù)香",都是说烹葵、食葵之乐之妙的。

诗人对白菜也有不少描绘。如苏轼的"白菘类羔豚,冒土出熊蹯",范成大的"拨雪挑来蹋地菘,味如蜜藕更肥浓",陆游的"身在有余真妙语,杯羹何地欠秋菘"等。

历代写豆腐的诗句,也很可观。宋朱熹有诗云:"种豆豆苗稀,力竭心已腐。早知淮南术,安坐获泉布。"苏轼亦有诗:"脯青苔,炙青蒲,烂蒸鹅鸭乃瓠壶,煮豆作乳脂为酥。"陆游诗言豆腐:"试盘推碾展,洗釜煮黎祁。"(陆游自注"蜀人名豆腐曰黎祁")明代孙大雅的豆腐诗云:"淮南信佳士,思仙筑高台。人老变童颜,鸿宝枕中开。异方营齐味,数度见琦瑰。作羹传世人,令我忆蓬莱。茹荤厌葱韭,此物乃呈才。戎菽来南山,清漪浣浮埃。转身一旋磨,流膏入盆罍(léi)。大釜气浮浮,小眼汤洄洄。顷待晴浪翻,坐见雪花皑。青盐化液卤,绛蜡窜烟煤。霍霍磨昆吾,白玉大片裁。烹煎适吾口,不畏老齿摧。蒸豚亦何为,人乳圣所哀。万钱同一饱,斯言匪俳诙。"苏雪溪又有诗言:"传得淮南术最佳,皮肤褪尽见精华。一轮磨上流琼液,百沸汤中滚雪花。瓦缶浸来蟾有影,金刀剖破玉无瑕。个中滋味谁知得,多在僧家与道家。"

2. 文赋

战国时屈原(一说宋玉)的《招魂》;汉张衡的《两京赋》《七辩》,傅毅的《七激》、扬雄的《蜀都赋》，枚乘的《七发》；晋左思的《三都赋》，潘岳的《西征赋》，束皙的《饼赋》，张华的《豆羹赋》，张翰的《豆羹赋》，陆机的《七徵》，傅玄的《桑葚赋》，夏侯湛的《荠赋》；三国时曹植的《七启》，徐干的《七喻》，施肩吾的《大羹赋》；宋苏轼的《老饕赋》《菜羹赋》《服胡麻赋》，鲍照的《园葵赋》，陈兴义的《玉延赋》；明陈嶷的《豆芽菜赋》；清蒲松龄的《煎饼赋》等，都是很著名的。这些文赋，除赋名有标出所写饮食或烹饪者外，每篇赋里都有关于饮食烹饪的文字。

以《豆芽菜赋》为例。据明代史学家谈迁的《枣林杂俎》所记，朝廷为选贤良方正，考官出了一个豆芽菜赋的题。在参试的人中，蒙城陈嶷得了第一名，并被任命为浙江道御史。在封建社会科举时代，考官能出这样的题，应考者能做出这样的赋，确属鲜见。陈嶷的《豆芽菜赋》在铺陈了天下奇味后写道："有彼物兮，冰肌玉质。子不入于淤泥，根不资于扶植。金芽寸长，珠蕤双轻；匪绿匪青，不丹不赤。宛诩白龙之须，仿佛春蚕之蛰。虽狂风疾雨，不减其芳；重露严霜，不凋其实。物美而价轻，众知而易识。不劳乎椒桂之调，不资乎刍豢之汁。数致而不穷，数餐而不斁(yì)……涤清肠，漱清臆，助清吟，益清职……"上文把豆芽菜的生长、性态、形象、品格，均描绘得十分生动、出色。

中国诗词文赋中的饮食烹饪内容，十分丰富。在1995年青岛出版社出版的《中国饮食诗文大典》中，收录、注释了1500余首有关饮食烹饪的诗赋，可供查阅。

三、饮馔语言

用饮食烹饪之事，来表达某种事物和进行社会交往的口头语言与书面文字，我们称为饮馔语言。饮食烹饪关系到千家万户，多数饮馔语言涉及全社会。由于有专业烹饪的存在，像社会其他行业一样，饮食烹饪业也有一些行语行话在行业中流行。

涉及全社会的饮馔语言，有饮食成语、饮食谚语、饮食歇后语、饮食俗语、饮食歌谣、饮食联语等方面的语言文字。涉及饮食烹饪行业的饮馔语言，有餐馆词语、经营用语、服务用语、技术词语等方面的语言文字。

饮馔语言也属于饮食烹饪文化，它丰富了中国语言词汇和词语的含义。

（一）社会饮馔语言

1. 饮食成语

饮食成语，就是用饮食烹饪之事来表达某种事物的成语。

直接用"食"或以"食"为比喻的，如丰衣足食，布衣蔬食，节衣缩食，灭此朝食，三旬九食，饥不择食，发愤忘食，耳食之谈，箪食壶浆，饱食终日，食言而肥，食前方丈，食不甘味，食不厌精，食日万钱，侯服玉食，食玉炊桂，食肉寝皮，食而不化，食古不化，因噎废食，恶衣恶食，宵衣旰食，盛食厉兵，不食周粟，嗟来之食，解衣推食，食味方丈,食少事繁,食毛践土,食租衣税,食肉之禄,等等。

直接用"饮""饭"或以"饮""饭"为比喻的成语,如饮水思源,饮鸩止渴,饮食男女,饮马投钱,饮醇自醉,箪食瓢饮,饭来张口,酒囊饭袋,粗茶淡饭,看菜吃饭,残茶剩饭,茶余饭后,尘饭涂羹,一饭千金,饭后之钟,等等。

饮食成语,几乎都有典故。无米之炊、越俎代庖、山珍海味、山肴野蔌(sù)、一枕黄粱、茹毛饮血、挑肥拣瘦、屠门大嚼、粥少僧多、膏粱子弟、暴殄天物、糖衣炮弹、醍醐灌顶、风餐露宿、饔飧(yōngsūn)不继、画饼充饥、烹龙炮凤之类成语,一般人都熟悉其典故。而另一些饮食成语,则需了解其出典才能知晓其意。

"琼厨金穴",用来比喻饮食奢侈,取材于汉光武帝后之弟"累金数亿。家僮四百余人,以黄金为器……其宠者皆以玉器盛食"的典故,见东晋王嘉《拾遗记》。"染指"一词,出自《左传》宣公四年:"公子怒,染指于鼎,尝而出之。""借箸代筹",典出《史记·留侯世家》:张良为刘邦策划,借刘邦面前的筷子来指画当时的形势。"象箸玉杯",典出《韩非子·喻者》:箕子见商纣王用象牙做的筷子,后来便用此成语形容生活奢侈。"釜底抽薪",为北齐魏收《为侯景叛移梁朝文》"抽薪止沸,剪草除根"语,用以比喻从根本上解决问题。

现在人们常用的"脍炙人口",最早也是用来说美食的。脍,既指细切的鱼或肉,又指食品;炙,则指烧烤的肉食品。脍炙合用,则泛指佳肴。《孟子·尽心下》有载:"公孙丑曰:'脍炙与羊枣孰美?'孟子曰:'脍炙哉!'"《礼记·曲礼》言:"凡进食之礼,脍炙处外,醯酱处内……"把"脍炙人口"作为成语使用,则是用来比喻为众人所称美的食物,也常指诗文之美。

曹操统军行路,士兵口渴,曹操言前面有梅林可解。士兵听有梅子可吃,个个口中生津。由此而来的"望梅止渴"成语,是老幼皆知的了。而像"以书换鹅"这一成语,一般人则不清楚是怎么回事。据《晋书·王羲之传》载,这位世称"王右军"的大书法家"性爱鹅",曾为山阴道士写《道德经》,原因乃此道士养有好鹅。写毕,"笼鹅以归,甚以为乐"。

用饮食成语喻事,几乎是中国人的习惯。形容贪馋想吃,人们常用"垂涎三尺""垂涎欲滴";形容文章或说话枯燥无味,常用"味同嚼蜡";形容含义深刻用"回味无穷';说特别有兴趣的事,则常用"津津有味";用"以汤沃雪"喻轻而易举、势在必成;用"扬汤止沸"喻舍本逐末,无济于事;用"漏脯充饥"喻只顾眼前,不想后果;用"味如鸡肋"形容没多大意味但又舍不得扔掉的东西;等等。

2.饮食谚语

饮食谚语以烹饪原料、调料、菜点、茶酒、养生经验为内容的,如"姜越老越辣,藕越老越粉";"七荷八藕九芋头";"六月苋,当鸡蛋";"九月韭;佛开口""立冬白菜赛羊肉";"四茄五苦瓜,六七韭菜花";"夏葫芦,秋丝瓜";"葱辣眼,蒜辣心,辣椒辣两头";"莫吃空心茶,少食申后饭";"晚饭少一口,活到九十九";"上床萝卜下床姜";"暴饮暴食易生病,定时定量保安宁";等等。这些饮食谚语在民间广为流传,成为日常饮食生活的指南。

3. 饮食歇后语

饮食歇后语则通过一些烹饪原料、烹调经验、厨事厨务的事象,说明某种事物的道理。其语言十分诙谐活泼。歇后语前半截是比喻,像谜面;后半截是解说,像谜底。如:"熟透的藕——心眼多";"墨鱼肚肠河豚肝——又黑又毒";"清明里的韭菜——头刀";"羊肉里的萝卜——骚货";"生姜脱不了辣气——本性难改";"筷子顶豆腐——树(竖)不起来";"皇帝的脑壳——芋(御)头";"醋泡蘑菇——坏不了";"三分面粉七分水——十分糊涂";"鲫鱼下锅——死不瞑目";"慢火煮肉——别性急";"蜜里调油——又香又甜";"馒头开花——气大";"湿手抓面粉——甩也甩不掉";"温水烫鸡毛——难扯";"菜刀切藕——片片有眼";"厨房里的灯笼——常常受气";"热锅炒辣椒——够呛";"钝刀子切藕——藕断丝不断";"空蒸笼上灶台——争(蒸)气";等等。

4. 饮食俗语

饮食俗语是人们日常生活口头流传的非常通俗的话,通常言简意赅、寓意深刻、形象生动。当今,广东、香港惯用"炒鱿鱼",以形容被解雇。上海则爱用"老油条"喻老滑头,"老甲鱼"喻饱经世故,"黄鱼脑袋"形容人有头脑。福州人说"拿筷遮鼻",形容事情掩盖不住。"开门七件事,柴米油盐酱醋茶",这句俗语宋代就有了。"常调官好做,家常饭好吃",也是宋代就有的俗语。"一口吃个胖子";"少吃一口,香甜一宿";"火到猪头烂";"饥不择食,寒不择衣";"生米做成熟饭";"挂羊头,卖狗肉";"姜是老的辣";"酒不醉人人自醉";"酒逢知己千杯少";"吃人口软,拿人手短";"看菜吃饭,量体裁衣";"天下没有不散的筵席";"豆腐青菜,各有所爱"等俗语,很有哲理,引导人从吃的事情上明白事理,为世人喜用。

(二)行业饮馔语言

1. 餐馆词语

开饮食店铺要有店名,在经营服务过程中又有一些经营词语出现。如饮食店,按饮食经营分工及经营的饮食品种、经营规模、经营方式、陈设雅俗与地方习惯等因素,有饭店、饭庄、酒店、酒楼、餐馆、餐厅、酒馆、冷酒馆、茶楼、茶馆、茶社、茶居、茶案、凉茶店、冷饮店、冰室、饭馆、饭铺、馆子、食店、食摊、便饭铺、大荤铺、二荤铺、食堂、风味店、面店、饼店、饼屋、饺面店、饺子店、小吃店、小食馆、单幌馆、双幌馆、糕团店、豆花店、火锅店等。在饮食市场的发展历史上,宋代还曾指大饭店和面食店为"分茶",经营素菜的餐馆称"素分茶",经营川菜的称"川饭分茶";称大型酒楼为"正店",称中小型酒店、食店为"脚店""拍户",称经营南方风味的饮食店为"南食店",称装饰成仕宦宅舍的酒店为"宅子酒店",称小食店为"素食店""菜面店""闷饭店""浇店"。清代又称陈设讲究兼卖精美茶食点心的茶楼为"荤茶肆",称兼卖素点心的茶馆为"素茶肆",称兼卖小吃的茶馆为"小茶肆"。

各种饮食店组成的城市饮食网,为了生存和竞争,历来都很重视店铺的命名。一些好的店名,或名藏雅意,或名有出典,或名寓谐趣,或名撷诗赋,或名含哲理,表现出悠久而深厚的历史文化传统,简直就可以认为是中国饮馔语言奏出的一个个充满感情色彩的音符。名藏雅意的店名,如"小雅"(成都)、"仿膳饭庄"(北京)、"听鹂馆餐厅"(北京)、"鸿宾楼饭庄"(北京)、"丰泽园饭庄"(北京)、"萃华楼饭庄"(北京)、"绿波廊餐厅"(上海);名有出典的店名,如"会仙楼宾馆"(重庆)、"金谷园"(成都)、"大三元酒家"(广州)、"梅龙镇酒家"(上海)、"小洞天饭店"(重庆);名寓谐趣的店名,如"老正兴"(上海)、"同和居"(北京)、"砂锅居"(北京)、"星临轩"(重庆)、"丘二馆"(重庆);名撷诗赋的店名,如"绿杨村酒家"(上海)、"盘飧市"(成都);名含哲理的店名,如"大同酒家"(广州)、"颐之时"(重庆)、"竞成园"(成都);等等。

经营服务过程中的词语,如开堂、涌堂、吊堂、喊堂、鸣堂、出堂、收堂、重浇、免青、免红、免大荤、带快、过桥、过江等,多系饮食行业人士才晓其意。

2. 烹饪技术词语

据统计,烹饪技术词语不下3000种。这在一定程度上反映出中国烹饪工艺的复杂性。如原料加工,仅对猪的各个部位的称呼,词语就达百余种。猪眼称"金睛""龙眼""明珠",猪耳称"俏冤家""双皮",猪舌称"雀舌""口条""龙舌",猪脑称"天花""脑乳",猪嘴称"鼎鼻""嘴叉""拱嘴",猪颈称"项圈肉""罗圈肉",猪尾称"金钱鞭",等等。据《调鼎集》载,猪作为原料加工后,名称亦有70余种。羊分档后,名称比猪还多。羊眼称"玉珠""明珠",羊耳称"双凤翠""千里风""顺风",羊头称"麒麟顶""羊脸",羊脑称"天花""云头",羊尾称"东篱""鹿茸",羊心称"凤毛冠""七孔灵台""安南台""鼎炉盖",等等。

烹饪法、烹制法、调制法的词语,也有300多种。调味中仅仅是各种味汁,就有麻汁、豆汁、豉汁、番茄汁、玫瑰酱汁、冰糖汁、糖醋汁、醪糟汁、姜汁、甜酒汁、火腿汁、清酱汁、笋汁、生汁、煎封汁、甘露汁、拌汁、西汁、果汁、炝汁、柠檬汁等20余种。装盘中的传统技法词语,如和尚头、一封书、三叠水、一颗印、城墙垛、风车形、马鞍形、三联形、吉庆形、桥形、扇面、棋盘形、品字形、馒头形等。

对菜肴美称的词语,有的虽然借用了现成词汇,但由于烹饪技术赋予了这些词语以新的含义,也为中国语言增添了光彩。一品、二冬、双冬、双脆、二筋、三元、三鲜、三丝、三白、四宝、四喜、五福、五柳、五彩、六合、六宝、七星、七彩、八宝、八仙、九色、什锦、十景、金钱、如意、棋盘、龙虎、龙凤、龙眼、金银、玛瑙、玻璃、水晶、虎皮、把子、柴把、琵琶、菊花、牡丹、麒麟、翡翠、芙蓉、鸳鸯、珊瑚、响铃、凤翅、凤尾、绣球、百花、佛手、荷包、玉簪之类，都是美化菜肴的称呼，在烹饪造型上是很有讲究的。

 知识链接

历史上的名厨——伊尹

伊尹名挚，生活在约公元前 16 世纪的夏末商初。钱锺书先生在《吃饭》一文中说："伊尹是中国第一个哲学家厨师，在他眼里，整个人世间好比是做菜的厨房。"

伊尹本是一个弃婴，有侁氏的女子在采桑时发现了他，女子将婴儿献给了国君，国君将抚养之责交给了疱人，伊尹在疱人的教导下长大成人，成了远近闻名的能人。商汤听到伊尹的声名，便三次派人向有侁氏求贤，但有侁氏始终不同意。商汤想了一个办法，他向有侁氏求婚，有侁氏十分高兴，不仅心甘情愿地把女儿嫁给了商汤，而且让伊尹做了随嫁的媵（yìng）臣。到了商汤的王宫，伊尹并未立即被召见。于是伊尹便做了一道奇特的汤，侍者送给商汤品尝后，商汤令厨子来见，伊尹这才见到商汤。伊尹从汤的滋味说到治国的大道，从政治方略谈到军事谋略。他说凡当政的人，要像厨师调味一样，要调好甜、酸、苦、辣、咸五味，就必须懂得每个人的口味，才能满足他们的爱好，那么作为国君自然要体察民众的疾苦，洞悉大家的心愿，才能想法满足他们的要求。伊尹说出的一整套烹调理论，使商汤佩服极了。汤当即举伊尹为相，"立为三公"（《墨子·尚贤下》），官名阿衡。

伊尹说，动物按其气味可分三类：生活在水里的味腥，食肉的味臊，吃草的味膻。尽管气味都不好，却都可以烹成美味佳肴，这就要选择合宜的烹法。决定滋味的因素，要靠五味和水、木、火三材烹调。伊尹从肉、鱼、果蔬、调料、谷食、水泉等几方面列出了数十种美味。而这些美味没有一样是商人居住地出产的，所以伊尹强调说：不先得天下而为天子，就不可能享有这些美味。而这些美味就如仁义之道，国君首先要懂得仁义即天下大道，行仁义便可顺天命而成为天子。天子行仁义之道，以化天下，太平盛世必然会出现。伊尹的鸿篇大论，不仅说得商汤馋涎欲滴，而更重要的是他为商汤指出了一个广阔的世界，这使得汤的思想发生了重大改变。商汤自从听了伊尹的高论，坚定了伐夏的决心。商汤在伊尹的辅佐下，终于推翻了夏桀的统治，奠定了商王朝的根基。伊尹也成为我国历史上一位由厨拜相的圣人。

第二节　烹饪科学积淀

一、饮食养生文化

(一)药食同源

我国传统的养生观念,源于药食同源的深厚文化底蕴和丰富的实践经验。早在原始农业以前漫长的采集、渔猎生活时代,先民们就有目的地选择许多植物、动物品种作为食物和药物的来源。《淮南子》一书,就有关于神农氏"尝百草之滋味,水泉之甘苦,令民知所辟就。当此之日,一日而遇七十毒"(《淮南子·修务训》)的论述。中国人历来重视医食之道。"药"与"食"被看作是一个事物的两个方面,二者相互参校、启发、补益,相得益彰。历史上,"本草"书中的药物,几乎都是人们正在吃着(或曾吃过)的食物;而凡被人作为(曾作为)食物原料的,又几乎无一不被中医学家视为药物(或具有某种药性)。

药食同源文化,使中国形成了独有的传统和习俗,医家用食方治病,厨师根据食物的特性烹制菜肴,就成为自然的事情。

我国药食相通的传统,还表现在以下两方面:一是历史上的药书几乎都有食的内容,从《神农本草经》《唐本草》到《本草纲目》《本草求真》等医书,几乎没有不谈食的。《食疗本草》《食医心镜》《日用本草》《食物本草》《食鉴本草》等,更是专论食治食养、食疗食补的著作。孙思邈的《千金食治》,是我国历史上现存最早的饮食疗疾的专著。他主张:"为医者,当须先洞晓病源,知其所犯,以食治之,食疗不愈,然后命药。"他的学生、著名医学家孟诜(约 621—713 年)的《食疗本草》一书,更是把食疗养生的理论和实践推向新的高度。他认为,良药莫过于合理地进食,尤其是老年人,不耐刚烈之药,食疗最为适宜。二是医者多是懂饮食之道的行家,常根据患者的病情处以食方疗疾。如《古今图书集成·医部全录》中的"医术名流列传"记载的我国古代的一些医术名流,有不少是饮食烹饪的行家里手。如被现代人认为是豆腐发明者的淮南王刘安,也被列入"医术名流列传"。创造古代杂烩"五侯鲭"的楼护,出身医生世家,"少随父为医长安,出入贵戚家,护诵经本草方术数十万言"。清代烹饪专著《中馈录》的作者曾懿,也是位懂医的女学者,著有《医学篇》两卷。烹饪专著《素食说略》的作者薛宝辰,写有《医学绝句》《医学论说》。《易牙遗意》的作者韩奕,也是位医学家。《随息居饮食谱》的作者王士雄,更是位精通医理的学者。

（二）食疗养生

食疗养生,源于药食同源文化与实践。饮食的根本目的,在于使人气足、精充、神亢、健康长寿。健康长寿,是人类的最大希求。

食疗养生的目的在于,通过特定意义的饮食调理达到保健强身,强调人的饮食必须有利于养生,要求辨证施食,饮食有节。

1. 辨证施食

辨证施食的理论基础,在于认识食物原料的性味归经。原料的性味指的是食性,即食物的性质。中国医学常用四气五味、升降沉浮来阐释药物的性质。四气,又称四性,即药物和食物的寒热温凉四性。例如,谷物及其制品中,粳米、黄豆、黑豆性平,荞麦、绿豆、豆腐性寒;蔬菜中,苋菜、白菜、莼菜、黄瓜、丝瓜性寒,生姜、大蒜、大葱、韭菜、香菜(芫荽)性温;果品中,龙眼、荔枝、大枣、葡萄、核桃、李子、栗子性温,梨、西瓜、柿子性寒;肉类之鸡、狗、羊、牛、鹿、猫肉、鲫鱼、海虾性温,兔肉、鳖、牡蛎、蛤子性寒,猪肉性平。寒凉性食物常有清热、泻火等作用,温热性食物常有温热、散寒等作用,介乎于寒和热之间的平性食物,则具有健脾、开胃、补肾、补益身体等作用。五味,指药物和食物所具有的辛甘酸苦咸五种不同的味道。食物不同的味道,具有不同的作用:甘缓,酸收,苦燥,辛散,咸软。升降沉浮,则用来指食物或药物作用中的四种趋向。升,上升之意;降,下降之意;沉,泻利之意;浮,发散之意。味薄者升,气薄者降,气厚者浮,味厚者沉。

食物的性味归经理论,是前人根据食物作用于肌体脏器经络的反应而总结出来的,把食物的作用范围或选择性与人体脏腑经络联系起来,即五味入五脏。其中,辛能入肺,甘能入脾,酸能入肝,苦能入心,咸能入肾。

2. 饮食有节

饮食有节,包括数量、质量和食性的调节三个方面。长寿之道,就在于饮食有节。

(1)饮食数量的节制。不要过饥过饱,不要暴饮暴食。节制饮食数量有益于人体健康,已为古代人们的养生经验所证明。从现代营养学角度观察,多食可致体重增加,而人体肥胖易引发冠心病、高血压等病患。

(2)饮食质量的调节。就是食物的种类和调配要合理,营养要全面,不能偏嗜。偏嗜的结果,会给人带来营养不良症,并引起其他病患。《素问·五脏生成篇》云:"多食咸,则脉凝泣(义同涩,指血脉流行不通畅)而变色;多食苦,则皮槁而毛拔(指毫毛易脱落);多食辛,则筋骨而抓枯;多食酸,则肉胝皱而唇揭(胝,皮厚;皱,皮变厚而皱缩;唇揭,嘴唇也会掀起);多食甘,则骨痛而发落。此五味之所伤也。"饮食失去平衡,则生疾病。

(3)食性的调节。既有对食物寒、热、温、凉四种食性的要求,又有四性与四时天气适应性的要求。《周礼·天官冢宰》所记的"食医"，就是专门负责君王饮食调和的。食医的职责之一便是掌握食性。《饮膳正要》等书，还对食性和四季气温的关系有详细的论述。

辨证施食与饮食有节的理论，是中国传统饮食文化的重要内容。

二、科学的饮食结构

饮食结构的选择，是烹饪科学思想的具体化。选择什么样的食物结构，以达到养生健体的基本需要，又要防止营养过剩，世界各地区的人们都有自己的主张。中国人在《黄帝内经·素问·脏气法时论》中提出了颇为科学的膳食结构理论："五谷为养，五果为助，五畜为益，五菜为充。气味合而服之，以补益精气。"

"养助益充"饮食结构的科学性，在于它符合中国人养生健身的总体营养要求。

（一）五谷为养

1."五谷"的概念

"五谷"的概念，既有具体所指，也是一个概数。唐代王冰注，指粳米、小豆、麦、大豆、黍；明代李时珍，指麻、麦、稷、黍、豆。《周礼》也有"五谷"，汉代郑玄注谓麻、黍、稷、麦、豆。"五谷"的各种解释，都是针对五种具体的谷物来说的。

作为一个概数，"五谷"则是粮食的泛称。成语"五谷丰登"表达的是农业丰收之意。这些成语中的"五谷"人们常用来指粮食。在中国历史上，除"五谷"外，人们还以"六谷""八谷""九谷""百谷"来泛称粮食。

2."五谷为养"的本义

"五谷为养"，就是针对粮食总体来说的。用现代营养学的知识来看，粮食提供人体代谢所需要的营养成分和能量。能量是一切生命活动所需动力的来源。

"五谷为养"的本意还在于提倡人们杂食五谷，抓住摄取营养素的主体、根本。在此基础上，通过为助的"果"，为益的"畜"，为充的"菜"的搭配，辨证施食，达到养生健身的目的。这样才算真正把握了"为养"的本质意义。

3."五谷"在烹饪中的运用

（1）中国历代烹饪专著中所列的食谱，多按"养助益充"的次序排列。元代贾铭的《饮食须知》，在谈水火之后，其目录便是按"谷类""菜类""果类""味类"和鱼、禽、兽等肉类排列的。明代高濂的《饮馔服食笺》目录，在介绍"饮"的茶、汤、熟水之后，其"食"则是"粥糜类""粉面类"在先，脯鲊（zhǎ）、家蔬、野蔌（sù）之品随后。《食宪鸿秘》《养小录》之类清代食谱，亦是按"谷"为首排列的。清代的食疗著作《调疾饮食辨》在总类之后，亦是按"谷类""菜类""果类""鸟兽类""鱼虫类"顺序排目的。不同朝代的养生家、美食家，对食物排序，竟能如此一致，表明"养助益充"的理论深入人心。

（2）主食的多样化。围绕"养"的需要,创制了多样化的饭品、粥品、面食、糕团、饼饵。可以这么说,世界上没有哪一个国家有中国这么多可以称为"主食"的品种。仅粥品,历代运用多种原料及药食兼用材料,就创制了上百种粥。宋代官修的《圣济总录》载有粥方113种,明代《本草纲目》记载的粥品有62种,清代的《调疾饮食辨》有粥方55种。在黄云鹄的《粥谱》一书中,竟收录了237种粥方,其中谷类粥品54种,加蔬菜的粥品50种,加瓜果的粥品29种,加水果的粥品24种,加草药的粥品23种,加花卉等物的粥品44种,加动物原料的粥品13种,真是洋洋大观。

（3）养与助、益、充结合成为国人的饮食传统。在米面粉、麦面粉为主要原料的馔肴中,加果、蔬、肉馅,在面食中加浇头,在粥品中加荤素原料,在饭品中加菜,已成为约定俗成的饮食方式。如中国数以百计的各种面条,除极少数的阳春面、小面之外,数百种面条都是或加大青、小青,或加肉臊,或加鱼肉,或加荤素杂卤,使分属于养助益充的各类原料结合在一起,以求营养互补,口感丰富。

（4）豆腐的发明,豆芽的出现,以及豆制品所形成的"家族",也是贯彻"五谷为养"原则的一项重要成就。这些原属于"养"的豆类,与"充"交织在一起,不但大大地丰富了中国的馔肴品种,而且也成为"五谷为养"的物质保证。仅是豆腐,中国不仅有用大豆制作的豆腐,还有用大米制作的米豆腐、蒟蒻制作的魔芋豆腐、牛奶制作的奶豆腐、石莲蓬制作的红豆腐、橡斗栗制作的黄豆腐、蕨粉制作的黑豆腐以及仙人草制成的绿豆腐、杏仁与琼脂制作的杏仁豆腐。五颜六色的豆腐,不添加任何色素,全是自然之色。仅以豆腐作为烹饪原料,就可以制成上千种菜肴。

（5）就餐格局合理,特别是筵席格局,总是包括馔肴、果品、面饭、水酒。人们只要经济条件允许,绝不草率地对待吃饭之事,不是光吃饭而不配菜、只喝寡酒而不备佐酒菜,而是要把酒菜、面饭通盘加以考虑,主食、副食配合食用。这种饮食方式,是受到"养助益充"理论影响而形成的,在人们的日常生活中已深入人心。

（二）五畜为益

1."五畜"的概念

"五畜"的概念,古今有些变化。《黄帝内经》上说的"五畜",唐代王冰注为牛、羊、豕、犬、鸡。《云笈七签》说,五畜是马、牛、羊、猪、狗。这两种说法,均指五种家畜。而《汉书·地理志》讲"民有五畜",则是泛指畜养的动物。后来,"五畜"中的鸡被列入禽类,所谓"五畜"似又泛指禽畜了。而现在人们所说的禽畜,则包罗了家禽、家畜及其副产品乳、蛋在内。从饮食烹饪角度来谈"五畜",则是将它作为荤食品原料或者肉食品原料看待的。

2."五畜为益"的理论

荤食品原料含有较高的热量、较多的蛋白质、丰富的脂类物质、足量而平衡的

B族维生素和微量元素,这些都可以补充"为养"的粮食之不足,而成为"益"的名副其实的担当者。比如,以乳蛋白与谷类蛋白作对比,乳蛋白中的各种必需氨基酸的含量平衡、合理,优于谷类蛋白。荤食品中还含有多种为一般素食品所不含的养分和其他生物活性物质等。这些养分和物质对于人体健康,特别是对于生长期的机体大有裨益。

荤食品作为佐"养"之"益"品,并不是说多多益善。任何事物都有个度,超过了这个度,就会适得其反。孔子说过"肉虽多,不使胜食气",意思是吃饭时席面上的肉菜再多,进食肉菜时也不要超过主食的量。肉乳蛋类食物摄食过量,会造成热量、动物性蛋白、饱和脂肪酸和胆固醇等供过于求,就会出现肥胖症、高血压、冠心病、糖尿病、直肠癌等病患。

3."五畜"在烹饪中的运用

中国烹饪运用荤料——"五畜为益",主要表现在两个方面:

第一,动物性原料成为中国菜肴的主要原料。用动物原料能制成品种繁多、风味各异的菜肴。一头猪,从头到尾,从猪肉到内脏,可以制成几百种菜肴,既可以补"养"之不足,又可以满足人们多种口味的需要。用羊、牛、鸡、鸭,同样也可以制作上百种菜肴。

第二,动物性原料是中国厨师施展烹饪技艺的主要加工对象。多种多样的刀法,切割的主要对象是动物原料;多种多样的配菜,是围绕动物原料进行的;多种多样的调味,特别是灭腥去臊除膻,也是针对荤料的;多种多样的烹饪方法,又是为了制成表现多种质地、口感的荤料而出现的。中国厨师,正是在上述烹饪实践过程中,表现出高超的烹饪技艺的。

(三)五菜为充

1."五菜"的概念

"菜",在中国汉语中既指蔬菜的总称,也可以认为是能做副食品的植物,还可以指经过烹调而成的菜肴。不过,《黄帝内经》的"五菜为充"与"五谷为养"一样,"五菜"是一个概数,是对种植蔬菜和自然生长的野菜的泛称。李时珍曾对"菜"下过这样的定义:"凡草木之可茹者谓之菜。"

2."五菜为充"的理论

各式各样的蔬菜,在中国人的食物结构中起到"充"的作用,在于它"辅佐谷气,疏通壅滞也"。在我们的饮食结构中,必须有蔬菜辅佐、补充,才能使机体所必需的各种养分得以充实、完善,获得合理的营养。

按现代营养学的观点来说,蔬菜是人们日常必需的几种维生素和矿物质的主要来源。蔬菜所提供的大量钾、镁、钙、铁、钼、铜、锰等矿物质,对维持肌体酸碱平衡、某些酶的活性以及人体血管的健康,有着极其重要的作用。蔬菜中含有较多的纤维素、半纤维素、果胶、木质素、某些特殊的酶、叶绿素、芳香性挥发油和其他对机体有益的生物活性物质,能促进胃肠蠕动、刺激腺体分泌,有助于三大营养素的消化,延缓糖的吸收,减少肌体对胰岛素的需要;能抑制肠道厌氧菌的活动及一些有害物质,阻断亚硝胺在胃内合成并消除亚硝胺的致突变作用,增强机体的抗病力;可预防多种疾病特别是一些衰退性疾病的发生。蔬菜的众多功用,表明它确实是人们长寿的保障。

3.“五菜”在烹饪中的运用

中国烹饪运用“五菜”,有两点十分突出。

第一,和加工荤料一样,蔬菜也是厨师施展烹饪技艺的重要加工对象。粗菜细做,细菜精做,一菜多做,素菜荤做,创制了数量众多的美味可口的菜肴。特别是被称为“素食”的菜肴,厨师们运用笋、耳、菌、菇、豆筋、豆皮、豆腐等料,创造了精美的以素托荤的多种素菜,表现出了高超的烹饪技艺。

第二,按照食物结构中“益”“充”配合的原理,创制了多种多样荤素结合的菜肴。仅从 1978—1981 年中国财经出版社出版的《中国菜谱》中,就可以看出荤素相配的菜肴在各地菜肴中的地位。江苏集选录了 22 种猪肉菜,加素料的占 50%;广东集收录了 16 种猪肉菜,加素料的占 50%;山东集选录了 26 种猪肉菜,加素料的有 14 种,占 53.8%;四川集选录了 45 种,加素料的有 33 种,占 73.3%。山东科技出版社 1985 年出版的《孔府名馔》中所选孔府日常饮馔的家常菜,其中 47 种猪肉菜,配素料的达 30 种,占 63.8%。由此可见,荤素相配做菜,遍及东西南北,遍及官府、民间。

（四）五果为助

1.“五果”的概念

“五果为助”的“五果”,本来也是一个概数,泛指果类食物。但历史上仍有把五果具体化的,王冰注即指桃、李、杏、栗、枣;清代时,又出现过以果的性状来区分五果的,说五果是核果、肤果、壳果、桧果、角果。据《蜀都杂钞》解释,枣子、杏仁等属于“核果”,梨是“肤果”,椰子、核桃等是“壳果”,松子、柏仁等是“桧果”,大豆、小豆等是“角果”。这种解释把大豆、小豆也列入了果类,显然与我们现代人的理解不一样。今天,我们所谓的“果”,则常指干果、水果,或者说干鲜果,更多的场合是指水果。

2.“五果为助”的理论

按本草学的“五果为助”,乃“辅佐粒食,以养民生”(李时珍语)。现代营养学认为,在主副食为机体提供的生物活性物质大致齐备之后,若经常吃一些水果,对于机体正常健康的维护会有莫大的帮助。因此,可以说水果类的食物,是维护人体健康的“护士”。

水果的糊精、单糖、柠檬酸、苹果酸等营养素的含量，为许多蔬菜所不及。水果所含的钾、抗坏血酸、纤维素和果胶等成分，对机体的基本功用虽与一般的新鲜蔬菜相似，但由于水果通常都用作生食，其抗坏血酸等就不会像经过烹饪后的蔬菜那样有较大的损失。这就使水果"为助"的地位是其他食物所不能取代的。

当然，"为助"的地位不能变为"充"，让人们像吃蔬菜那样吃水果。因为水果含有较多的易被机体所消化吸收的糊精、蔗糖、果糖、葡萄糖、柠檬酸、苹果酸等能源物质，食用过多，极易变成中性脂肪而促进肥胖。某些水果，如李、杏中含有奎宁酸，柿子中含有柿酚、鞣酸，若是在饥饿缺能时过量食用，极易给机体带来种种有害的影响。先民把果品定位在"为助"的地位上，无疑是正确的。

3."五果"在烹饪中的运用

"五果"运用于烹饪是多方面的。

第一，用果品做馔肴的主料或辅料，改善馔肴的风味。如，用苹果做苹果糊、酿苹果、拔丝苹果，鲜桃子做桃羹、桃冻、蜜汁桃脯，鲜香蕉做拔丝香蕉、蜜汁香蕉，鲜枇杷做水晶枇杷，鲜橘子做银耳橘羹、醉八仙、桃油果羹等。

第二，某些果品成为烹饪工艺菜的造型材料。古代的盘饤、饾饤、攒盒、雕花蜜饯，现代的西瓜盅、核桃仁做的假山石等，皆是用果品制成的。

综上所述，可以看出《黄帝内经》提出的"养、助、益、充"这一食物结构的科学性。著名已故营养学家侯祥川，曾对怎样把握运用"养、助、益、充"食物结构，做过非常精辟的概括，值得烹饪工作者学习研究：

> 五谷宜为养，失豆则不良；
>
> 五畜适为宜，过则害非浅；
>
> 五菜常为充，新鲜绿黄红；
>
> 五果当为助，力求少而数；
>
> 气味合而服，尤当忌偏独；
>
> 饮食贵有节，切切无使过。

（五）饮食结构的改革与发展

1. 食物结构改革

2014 年 1 月 28 日，国务院办公厅以国办发〔2014〕3 号印发《中国食物与营养发展纲要（2014—2020 年）》（以下简称《纲要》）。这是继《九十年代中国食物结构改革与发展纲要》《中国食物与营养发展纲要（2001—2010 年）》之后，我国政府制定的第三部关于食物与营养发展的纲领性文件。《纲要》立足保障食物有效供给、优化食物结构、强化居民营养改善，绘制出至 2020 年我国食物与营养发展的新蓝图。

《纲要》在简要总结近年来我国食物与营养发展成就和问题的基础上，提出了未来 7 年我国食物与营养发展工作的指导思想:顺应各族人民过上更好生活的新期待,把保障食物有效供给、促进营养均衡发展、统筹协调生产与消费作为主要任务,把重点产品、重点区域、重点人群作为突破口,着力推动食物与营养发展方式转变,着力营造厉行节约、反对浪费的良好社会风尚,着力提升人民健康水平,为全面建成小康社会提供重要支撑。《纲要》确立了"四个坚持"的基本原则:坚持食物数量与质量并重,坚持生产与消费协调发展,坚持传承与创新有机统一,坚持引导与干预有效结合,强调"以现代营养理念引导食物合理消费,逐步形成以营养需求为导向的现代食物产业体系""传承以植物性食物为主、动物性食物为辅的健康膳食传统,保护具有地域特色的膳食方式,创新繁荣中华饮食文化"等内容。《纲要》明确了到 2020 年食物与营养发展目标,从食物生产、食品加工业发展、食物消费、营养素摄入、营养性疾病控制等 5 个方面,细化了 21 个具体的、可考核的指标。其中,全国粮食产量稳定在 5.5 亿吨以上,全国食品工业增加值年均增长速度保持在 10% 以上,人均年口粮消费 135 公斤,人均每日摄入能量 2200～2300 千卡,全人群贫血率控制在 10% 以下,居民超重、肥胖和血脂异常率增长速度明显下降,等等。

《纲要》从食物与营养发展的"数量保障、质量保障、营养改善"三个关键环节入手,提出了事关全局的三项主要任务:构建供给稳定、运转高效、监控有力的食物数量保障体系,构建标准健全、体系完备、监管到位的食物质量保障体系,构建定期监测、分类指导、引导消费的居民营养改善体系。

2. 食物结构发展

食物结构在今后的发展,首先在于传统食物观念的转变。要由传统的粮食观念向现代食物观念转变,要由不合理的消费习惯转向科学、文明的膳食消费。

《纲要》按照分类指导、突出重点、梯次推进的思路,提出了"三个三"的发展重点,分别是"三个重点产品、三个重点区域、三类重点人群"。其中,优先发展"三个重点产品":优质食用农产品、方便营养加工食品、奶类与大豆食品;优先关注"三个重点区域":贫困地区、农村地区、流动人群集中及新型城镇化地区;优先改善"三类重点人群":孕产妇与婴幼儿、儿童青少年、老年人。

为确保目标任务顺利实现,《纲要》从全面普及膳食营养和健康知识、加强食物生产与供给、加大营养监测与干预、推进食物与营养法制化管理、加快食物与营养科技创新、加强组织领导和咨询指导等 6 个方面提出了若干保障措施。其中,明确提出了要"加大对食物与营养事业发展的投入""加大对食用农产品生产的支持力度""发布适宜不同人群特点的膳食指南""开展全国居民营养与基本健康监测,进行食物消费调查""加强对食物与营养重点领域和关键环节的研究"等政策措施,明确要求要"建立部门协调机制,做好本《纲要》实施工作""继续发挥国家食物与营养咨询委员会的议事咨询作用,及时向政府提供决策咨询意见""地方各级人民政府要根据本纲要确立的目标、任务和重点,结合本地区实际,制订当地食物与营养发展实施计划"等。

 **知识链接**

《中国居民膳食指南》

《中国居民膳食指南》(2007)是根据营养学原理,紧密结合我国居民膳食消费和营养状况的实际情况制定的。受卫生部委托,2006年中国营养学会组织专家委员会,对中国营养学会1997年发布的《中国居民膳食指南》进行修订。经过多次论证、修改,并广泛征求相关领域专家、机构和企业的意见,形成了《中国居民膳食指南》(2007),于2007年9月由中国营养学会理事会扩大会议通过。其主要内容如下:

第一部分:一般人群膳食指南

1. 食物多样,谷类为主,粗细搭配

2. 多吃蔬菜水果和薯类

3. 每天吃奶类、大豆或其制品

4. 常吃适量的鱼、禽、蛋和瘦肉

5. 减少烹调油用量,吃清淡少盐膳食

6. 食不过量,天天运动,保持健康体重

7. 三餐分配要合理,零食要适当

8. 每天足量饮水,合理选择饮料

9. 如饮酒应限量

10. 吃新鲜卫生的食物

第二部分:特定人群膳食指南

一、中国孕期妇女和哺乳期妇女膳食指南

(一)孕前期妇女膳食指南

1. 多摄入富含叶酸的食物或补充叶酸

2. 常吃含铁丰富的食物

3. 保证摄入加碘食盐,适当增加海产品的摄入

4. 戒烟、禁酒

(二)孕早期妇女膳食指南

1. 膳食清淡、适口

2. 少食多餐

3. 保证摄入足量富含碳水化合物的食物

4. 多摄入富含叶酸的食物并补充叶酸

5. 戒烟、禁酒

(三)孕中、末期妇女膳食指南

1. 适当增加鱼、禽、蛋、瘦肉、海产品的摄入量

2. 适当增加奶类的摄入

3. 常吃含铁丰富的食物

4. 适量身体活动,维持体重的适宜增长

二、中国哺乳期妇女膳食指南

1. 增加鱼、禽、蛋、瘦肉及海产品摄入

2. 适当增饮奶类,多喝汤水

3. 产褥期食物多样,不过量

4. 忌烟酒,避免喝浓茶和咖啡

5. 科学活动和锻炼,保持健康体重

三、中国婴幼儿及学龄前儿童膳食指南

(一)0 月 ~6 月龄婴儿喂养指南

1. 纯母乳喂养

2. 产后尽早开奶,初乳营养最好

3. 尽早抱婴儿到户外活动或适当补充维生素 D

4. 给新生儿和 1 月 ~6 月龄婴儿及时补充适量维生素 K

5. 不能用纯母乳喂养时,宜首选婴儿配方食品喂养

6. 定期监测生长发育状况

(二)6 月 ~12 月龄婴儿喂养指南

1. 奶类优先,继续母乳喂养

2. 及时合理添加辅食

3. 尝试多种多样的食物,膳食少糖、无盐、不加调味品

4. 逐渐让婴儿自己进食,培养良好的进食行为

5. 定期监测生长发育状况

6. 注意饮食卫生

(三)1 岁 ~3 岁幼儿喂养指南

1. 继续给予母乳喂养或其他乳制品,逐步过渡到食物多样

2. 选择营养丰富、易消化的食物

3. 采用适宜的烹调方式,单独加工制作膳食

4. 在良好环境下规律进餐,重视良好饮食习惯的培养

5.鼓励幼儿多做户外游戏与活动,合理安排零食,避免过瘦与肥胖

6.每天足量饮水,少喝含糖高的饮料

7.定期监测生长发育状况

8.确保饮食卫生,严格餐具消毒

(四)学龄前儿童膳食指南

1.食物多样,谷类为主

2.多吃新鲜蔬菜和水果

3.经常吃适量的鱼、禽、蛋、瘦肉

4.每天饮奶,常吃大豆及其制品

5.膳食清淡少盐,正确选择零食,少喝含糖高的饮料

6.食量与体力活动要平衡,保证正常体重增长

7.不挑食、不偏食,培养良好饮食习惯

8.吃清洁卫生、未变质的食物

四、中国儿童青少年膳食指南

1.三餐定时定量,保证吃好早餐,避免盲目节食

2.吃富含铁和维生素 C 的食物

3.每天进行充足的户外运动

4.不抽烟、不饮酒

五、中国老年人膳食指南

1.食物要粗细搭配、松软、易于消化吸收

2.合理安排饮食,提高生活质量

3.重视预防营养不良和贫血

4.多做户外活动,维持健康体重

第三部分:中国居民平衡膳食宝塔

中国居民平衡膳食宝塔,是根据中国居民膳食指南结合中国居民的膳食结构特点设计的。它把平衡膳食的原则转化成各类食物的重量,并以直观的宝塔形式表现出来,便于群众理解和在日常生活中实行。

2007 年的居民膳食宝塔一共分五层:谷类食物位居底层,每人每天应该吃 250 克~400 克;蔬菜和水果居第二层,每天应吃 300 克~500 克和 200 克~400 克;鱼、禽、肉、蛋等动物性食物位于第三层,每天应该吃 125 克~225 克(鱼虾类 50 克~100 克,畜、禽肉 50 克~75 克,蛋类 25 克~50 克);奶类和豆类食物位居第四层,每天应吃相当于鲜奶 300 克的奶类及奶制品和相当于干豆 30 克~50 克的大豆及制品;第五层塔顶是烹调油和食盐,每天烹调油的用量不超过 25 克或 30 克,食盐的食用量不超过 6 克。

第三节　烹饪艺术积淀

中国烹饪艺术,是以烹饪技术加工而成的菜肴作为审美对象,来满足人们食用与审美相结合的目的。中国烹饪艺术,是经济发展的产物,是我国历代厨师经过不断实践和不懈追求而形成的。中国烹饪艺术,受到烹饪原料、烹饪工艺等因素的制约,具有相对的局限性,其集中表现在菜肴及由各菜肴组合而成的筵席中。

一、菜肴的艺术表现

品尝中国菜,不仅可以使人一饱口福,还可以一饱眼福,得到一种艺术享受。菜肴的艺术性,表现在菜肴的色泽、香气、滋味、形状、器皿、名称等各个方面。

（一）菜肴的色泽

鲜明、纯正的菜肴色泽,能给人以赏心悦目的感觉,有利于增加人们的食欲。人们对食品色泽的追求,由来已久。孔子说过:"色恶,不食。"美国研究者曾对食欲和颜色的关系做过调查,发现最能引起食欲的颜色为红色或橙色,在黄色和橙色之间有一个低谷,黄绿色令人倒胃口,绿色使人食欲上升,紫色让人难以接受。当然,人们的饮食习惯对菜肴色泽的偏好也有一定的影响力,会造成人们对某一颜色的偏好。

菜肴的色泽,具有一种"先声夺人"的艺术吸引力,给人的感觉最鲜明、最强烈。烹饪过程形成的让人悦目爽神的颜色,一是原料自然美的本色;二是通过各种不同原料相互间的组配,使菜肴更鲜艳、润泽。美好的菜肴色泽,不仅可以体现原料本身的美质,也可以体现烹调技巧和火候等加工手段的恰到好处,还可以体现多种原料色泽配合的协调美。

1. 几种主要色彩在菜点中的感觉

白色,能给人以素洁、软嫩、清淡之感,被他色映衬时,则给人以鲜美的味觉启示。菜例有芙蓉鱼片、鸡粥、奶汁白菜、虾圆等。

红色,能给人以浓厚、热烈、激动、肥腴之感,味觉表现鲜明,有香、鲜、酸、甜的启示。菜例有菊花青鱼、茄汁肉片、酱鸭、烤鸡等。

黄色,能给人以温暖、高贵的情感,以金黄、深黄最明显,给人以干香酥脆、肥美丰腴之感。菜例有咖喱鸡块、卷筒蟹仁、香炸鱼排等。

绿色,能给人以明媚、清新、鲜活、自然的感觉,是生命之色,给人以鲜脆、清淡的启示,常作为动物类菜肴的辅色,使整个色彩配合活泼生动,并减少油腻感。绿色配以黄色、白色则格外清爽。菜例有炮药芹、鸡油菜心、开洋玉豆等。

茶色,给人以浓郁芬芳、庄重的感觉,显得味感强烈和酥松。菜例有卤香菇、干爆鲫鱼、脆膳、南煎丸子等。

黑色,有枯、苦之感,但用得恰当有画龙点睛之妙,能给人味浓、干香、耐人寻味的印象,是菜肴的点缀之色。

紫色,是忧郁色,常能损害味感,但运用得当能给人以淡雅、脱俗之趣。有些原料如发菜、紫菜、海带等与其他色彩组配菜肴,显得淡雅、清爽。

蓝色,一般不是菜点本色,食物原料也不具备此色,因此给人以不是菜点的感觉。蓝色通常是器皿之色,有时在菜点中点缀食用蓝色素,能产生清凉、娴静、大方的感觉。

上述八种色彩,常以白、红、黄、绿、茶作为菜点主体色泽,而黑、紫、蓝则仅用于少量点缀、衬托。

2. 菜肴配色的依据和原则

对菜肴色泽的组配,应先明确其色调,即菜点色彩的主要特征与基本倾向,又被称之为"主调"或"基调"。在菜点中,通常以主料的色彩为基调,即"主色",再以辅料的色彩为副色,即起点缀、衬托的作用。对菜点主副色的组配,是依据色彩间的变化关系来确定的。色彩互相之间的变化,一般有同类色、对比色和互补色三种关系。

(1)同类色关系及其组配。色相环中邻近两色都是同类色,其中基本色相相同、光度不同的叫同种色,它们异常相像和亲近,能产生协调而有节奏的效果。依据同类色和谐的关系,在菜点组配中便有"顺色配"的方法,即将具有相近色彩的原料组配成一个菜点,典型的如"糟熘三白",由鸡片、鱼片、茭白片组合而成,成熟后三种原料都具有固有的白色,色泽近似、鲜亮明洁。

(2)对比色关系及其组配。任意两种色只要色相不同,皆可以对比。在没有两者相比较的情况下,可以将色相环上相距 60 度范围之内的各色称为调和色,此外称为对比色。对比色,可分为同时对比和连续对比等多种关系。运用对比色,可使菜肴色彩丰富,绚丽生动。依据这个原理,菜点有"花色配"或谓之"异色配"的方法,如"芙蓉鸡片",以白色为基调配以香菇、菠菜头、笋片及火腿茸,色彩十分鲜明和谐,将鸡片的白衬托得淋漓尽致。再如"三彩大虾"中红、绿、黄、褐等色对比分明,热烈可喜,使各原料的本质特点反映得十分清楚。

(3)互补色关系及其组配。互补色是对比色中的一个特别部分。在色相环直径相对应的 180 度两端,互为补色,又叫对色或余色,如黄与紫、红与绿、青与橙。在色光上,只要这两种色光混合会得到白光的即为互补色;从颜色上讲,凡两种混合得黑色的亦为互补色。应用互补色,如"双色虾仁"中红白对比;"扒鸡"衬豆苗,红绿互补。"双色配"可使菜点色的对比强烈,具有跳跃感。由于加强了两种对立色彩的光度,更加突出了它们自身色彩的效果。

菜肴在配色时,不仅要注意菜点原料色彩变化关系,还应充分注意到在外界条件作用下,如光源色、环境色所引起的不同变化。如在同等咸度条件下,可依据环境色的明暗,用盐调节红烧菜肴的色彩。但不管采用什么方法或原料,都应充分提高原料本质色彩的表现力,注重变化,避免单调,但绝不能因色设色,而与菜点整体质量要求和标准割裂开来,更不能与总体风味不和谐而有损于菜点质量。如在咸味菜肴中,配以甜味有色辅料,而在甜味菜点中配以咸、辣味有色辅料点缀等,都是不良做法。

(二)菜肴的香气

烹调中产生的香气和香味,对人的嗅觉、味觉有着直接影响,能强烈地刺激人的食欲。人们对菜肴香气的追求,关键在于协调多样化。中国菜肴的香型有浓香、清香、幽香、冷香之别,香源有花香、果香、叶香、根香、皮香、谷香、酒香、酱香、肉香等。这些香气,有的是原料本身具有的,如鲜鱼的鲜香、时蔬的清香;有的是通过烹调产生的,如东坡肉的醇香、茶叶蛋的茶香等。在配合时,鲜花香气馥郁,多配甜食、酒露汤羹;葱、椒、姜、桂之香,多配荤食;酒糟之香醇浓,多用于腥物;薄荷龙脑之香,多配五谷糕饵;白芷之香,多配瓜果;酱醋之香,荤素皆配;油脂乳酥之香,多用于热烹之食物;茴香、丁香,多与冷冻、水晶类菜肴配伍;菜根之香,宜配豚蟹;蒜薤之香,宜配重腥等。在菜肴香气的搭配中,还应注意以下几点:

(1)突出主料香气。在配制香气中,如主料本身具有明显愉悦香气的,则宜予以突出,而不再配以其他香气,以免压抑其本身的香气。例如,新鲜的河鱼应少用辛辣等重香搭配烹制。

(2)入香、增香和压抑异味。主料本身无味、味淡或具有不良气味的,则应配以其他香气来渗透丰富或压抑其异味。例如,冷冻鱼类干烧时,配以辛辣等重香。

(3)不同香气原料搭配应得当。一些气味不同的原料搭配,可以消除不良气味而产生香气。如具有辛气的萝卜与腥膻气的羊肉同煮,则辛气和腥气同消,而产生清香的气味。

(三)菜肴的滋味

味觉艺术是烹饪艺术的核心内容。中国烹饪历来讲究味型的变化,追究菜肴的口味,以味为菜肴的根本,把味的审美放在菜品制作和质量鉴定的首位,要求"五味调和""适口者珍"。

1.味觉

味觉,是指物质在口腔里给予味觉器官——舌头的刺激。影响人体味觉的因素有许多,各种呈味物质在呈味过程中受食者的生活环境、饮食习惯、健康状况、情绪,以及呈味物质的浓度、水溶性及环境温度等的影响,都使人的味觉敏感性不同。

2.味的分类

中国烹饪,把味分为单一味和复合味。

（1）单一味

单一味,是指味觉器官所感受到的独立味,主要包括酸、咸、甜、苦、鲜、麻、辣等几种味道。

①咸味。咸味是我国烹饪味型中的主味,属于基本味之一,有"无咸不成味"之说。呈咸味的调料有食盐、酱油、黄酱等。咸味在烹调中起着重要的作用,不但可以突出原料本身的鲜美味道,而且有解腻压异味的作用。除烹制咸味菜肴外,烹制其他菜肴也离不开咸味。如,在烹制糖醋类的菜肴时,也需要加入咸味,使味道更为鲜美。

②甜味。甜味来自于糖类和多元醇类以及一些人工合成的甜味剂。它是烹调中的又一主味,作用仅次于咸味,也能独立呈味。含甜味的物质主要是砂糖、冰糖、饴糖、蜂蜜和果糖。甜味除能增加菜肴的甜味外,还能增加鲜味、去腥解腻、缓和辣味等刺激感的作用。

③酸味。酸味是由氢离子刺激味觉神经引起的感觉。食品中酸味的主要成分有醋酸、乳酸、柠檬酸、酒石酸、苹果酸等。含酸味的调料主要是醋、番茄酱和柠檬汁等。酸味一般不独立呈味。适当食用酸味,可刺激胃口,增加食欲,并有去腥解腻、提味爽口和分解原料中钙质的作用。

④苦味。凡原料组织结构中含有氮酰基的大多数带有苦味。单纯的苦味并不可口,但如与其他调味品及原料配合得当,也会烹调出独特的风味。苦味主要是一些生物碱,如咖啡碱、可可碱、茶叶碱等,其原料主要为杏仁、陈皮、柚皮、槟榔、白豆蔻、贝母、苦瓜等。苦味具有开胃口、助消化、清凉、去火等作用。

⑤鲜味。鲜味指的是鲜美滋味。鲜味物质是一些氨基酸、核苷酸、琥珀酸等,这些成分主要存在畜类、水产类、菌类等各种原料中。鲜味的主要调味品有味精、虾子、蟹子、蚝油、鱼露、鲜汤等。鲜味除了能增加菜肴的鲜美滋味,还有刺激食欲、抑制不良气味的作用。

⑥辣味。辣味是一种特殊的味型,是辛辣物质作用于口腔中的痛觉神经和鼻腔黏膜而产生的灼痛感。辣味可分为热辣味（火辣味）和辛辣味。热辣味主要作用于口腔,能引起口腔的烧灼感,而对鼻腔没有明显的刺激作用;辛辣味除作用于口腔外,还有一定的挥发性,能刺激鼻腔黏膜,引起冲鼻感。辣味刺激性较强,具有增香、解腻、压异味、增加食欲的作用。其原料主要有辣椒、胡椒、生姜、芥末等。

（2）复合味

复合味,是指多种呈味物质刺激味觉器官所产生的两种或两种以上的单一味的综合味感。例如,咸鲜味、咸酸味、酸甜味、甜咸味、麻辣味、怪味等。烹饪中常说的"五味调百味",就是指单一味排列组合而成各种复合味。烹饪中通过各种呈味物质,进行一定的恰当比例调味,发挥各种味的特点,抑制不良的味感,使菜肴达到味的协调一致,使滋味更加丰富、浓厚。

3.调味的原则

(1)"五味调和",准确把握。

(2)尊重就餐习惯,因人而异。

(3)因时而异。

(4)因料而异,适当调味。

(四)菜肴的造型

中国菜肴的造型,丰富多彩,千姿百态。厨师运用各种刀工,可以把不同质地、不同颜色的原料切成不同的形状,并辅之以拼摆、镶、嵌、叠、卷、排、扎、酿等各种工艺手法,制成各种造型优美、生动别致的菜肴;也可以运用拼摆、堆砌、食品雕刻等手法,美化菜肴,给人以美的享受。

1.原料形状的配合

原料形状的配合,是将不同的原料按照一定的形状要求进行组合,构成菜肴的特定形状,给人以美的享受。菜肴形状在组合时,应注意以下规则:

(1)原料形状统一规则。按照统一规格对菜肴中所用各种原料的形状进行设定,即所谓的"丁配丁,丝配丝,块配块,片配片",这种配形整齐划一,和谐匀称。

(2)原料形状主辅协从规则。一般来说,辅料应服从、适应主料,起到对主料形状协从、衬托的作用。应正确处理菜肴中主辅原料形状的关系;辅料的形状成熟后应略小于主料,以突出主料。

(3)原料形状连缀规则。异形或大小相差较大的原料形状,一般不作松散结构组配成为菜肴,而需要运用特定的工艺组配方法,如包、卷、扎、酿等,将其结合成一个整体,或用其点缀主料,达到某种装饰效果。

2.花色菜

花色菜是以优美的艺术造型为主要特点的精细菜品,又称工艺菜、花式菜。花色菜是我国传统的造型艺术与古老的烹调技术巧妙结合的成果。

花色菜造型的方法很多,常用的如下:

(1)雕刻法。用萝卜、南瓜、芋头等烹饪原料雕刻成各种花鸟走兽,如"孔雀开屏""双龙戏珠"等。

(2)塑造法。用鸡茸、鱼茸等泥状、茸状原料作塑料,涂捏成各种图案,如"熊猫戏竹"。

(3)拼摆法。用卤菜、腌腊原料,通过各种刀法切成各种形状,在大拼盘内摆成各种图案,如"凤凰展翅"。

(4)堆砌法。把烹饪原料切成块形,堆成"塔形""垛墩形"。

(5)模压法。用钢皮、铜皮等制成菊花、蝴蝶等各种形状的模子,然后在萝卜、薯类等原料上压出各种图案,切成所需的片状。

(6)酿制法。将鸡、鸭、瓜、果等原料挖去内部,酿进馅心制成菜肴,如"八宝鸭""酿冬瓜"。

(7)卷制法。用网油、豆腐皮、糯米纸等作衣,内卷各种馅料,下油锅炸熟或上笼蒸熟,如"网油鸡卷"。

(8)嵌花法。用鸡茸、鱼茸在菜上嵌成各种花鸟图案,如"凤眼鸽蛋"。

(9)贴制法。用不同色彩的材料切片,以蛋清、淀粉为沾料,贴成一定形状,如"锅贴豆腐"。

花色菜的制法很多,只要用心去做,可以达到既能观赏又能食用的效果,使菜肴形象生动,雅致不俗,味道鲜美。

(五)菜肴的命名

菜肴的命名,如同赋予菜点以主题和灵魂,是各种菜点客观内容的形象反映。一个好的菜点名称,会提高菜点的创作意境,给人以联想,并有画龙点睛之功。

菜点的命名,与其所用原料、加工方法、组配关系、风味特征及形体特征有直接的关系;有的也与民俗文化、历史事件和地方风物有一定的渊源。

常用的菜点命名方法如下:

(1)以原料加烹饪方法,命名菜肴。突出成熟方法和原料,使人对所制菜点的基本特点一目了然,如"清蒸鳜鱼""滑炒里脊丝""扒鱼翅""煎饼"等。

(2)以原料加调味方法,命名菜肴。突出某种特色调味品,给人以某种味的启示,如"虾子海参""蜜焖三鲜""奶油菜心""糖醋排骨""麻辣豆腐""烩三丝"等。

(3)以主料加辅料,命名菜肴。强调主料与辅料的关系,给人以营养及本味的综合反映,如"春笋鲈鱼""韭菜里脊片""鸡皮虾丸"等。

(4)用菜肴的色泽、形状来命名原料。突出菜肴在色彩、造型方面的特色,给人以醒目的提示,如"三色大虾""五彩鱼丝""松鼠鳜鱼""棋盘肉"等。

(5)触觉命名法。突出制品特有的质地,说明原料的新鲜、营养或在加热上的较深功力,如"脆鳝""响堂虾球""酥鲫鱼"等。

(6)夸张比喻命名法。对菜点的形式、色彩进行夸张而形象的比喻,以增强制品的美感,如"翡翠虾仁""玉骨里脊""白雪鸡汤""八宝鸡"等。

(7)产地命名法。突出菜肴的源流,强调地方特色,如"德州扒鸡""无锡排骨""北京烤鸭""东安鸡"等。

(8)借典故命名法。赋予制品某种神秘色彩,增强人们对某种历史文化的联想,如"麻婆豆腐""文思豆腐""宫保鸡丁"等。

（9）隐喻命名法。不直呼其名，以制品的某种特点，隐喻诗文典故，赋予菜点制品以诗情画意，如"有凤来仪""乌龙戏珠""雪山藏火""一行白鹭上青天"等。

（10）用谐音命名菜肴。运用同音字或词取代菜点本身的字或词，如"霸王别姬（鳖鸡）""枕叶明霞（虾）"等。

美妙的菜名可以引起人们丰富的想象，使人产生深刻印象，更能让人心情舒畅，给人以美的享受。

（六）菜肴与盛器

"美食不如美器。"美食美器的和谐统一，是中国烹饪艺术表现的一个重要方面。盛器的讲究，是随着社会经济及烹饪技术的不断发展而日臻完美的。中国烹饪器皿的美，有两个含义：一是器皿本身的美，二是指器皿与菜肴配合的美。

1. 精美的器皿

我国制作餐饮器皿的原料有许多，石、土、贝、骨、竹、木、铜、铁、锡、瓷、玉、金、银和象牙、玻璃等，都可用来制作饮食器皿。其中，历史上使用最广泛、影响最大的是陶器、铜器、铁器和瓷器。如今，以瓷器为最，可谓餐饮离不了瓷器，且各地精品多多。

2. 盛器与菜肴的配合

我国在使用餐具上，积累了许多经验。清代袁枚在《随园食单》"须知单"中，将"器具须知"作为 20 项须知中的一项。他说："古人云：美食不如美器。斯语是也。然宣、成、嘉、万窑器太贵，颇愁损伤，不如竟用御窑：已觉雅丽。惟是宜碗者碗，宜盘者盘，宜大者大，宜小者小，参差其间，方觉生色。若板板于十碗八盘之说，便嫌笨俗。大抵物贵者器宜大，物贱者器宜小。煎炒宜盘，汤羹宜碗，煎炒宜铁锅，煨煮宜砂罐。"袁枚在这里道出了使用餐具的一般原则：第一，美食不如美器，餐具应当讲究；第二，雅丽实用便可，不必要求过高；第三，盛器因菜制宜，无须强求一致；第四，盛器力求多样，使之参差成趣。

在今天，我们注重盛器与菜肴的配合，必须掌握以下几点：

（1）讲究色彩的和谐。盛器的色彩必须与菜肴的色彩相协调。菜肴在装盘时，器皿的色彩选用得当，能把菜肴的色彩衬托得更加丰满，更加美观。在菜肴与盛器的色彩上，既要有对比度，使人感到不单调，又要使对比度不致过分强烈，使人感到不和谐。"紫驼之峰出翠釜，水晶之盘行素鳞"，是说红褐色的驼峰要盛在翡翠色的碗里，银白色的鱼要装在水晶制的盘中。这种红与翠、白与莹的色彩配合，达到了水乳交融的绝妙境地。

（2）讲究形态的匹配。中国菜肴种类繁多，盛器也千姿百态，但要讲究匹配。匹配得宜不仅食器交融，而且给人一种艺术的美。一般冷菜、爆炒无汁的菜，宜选用圆盘和腰盘；烩熘带汁的菜，宜用汤盘；余烧等汤菜，宜用汤碗；炖焖菜用砂锅的，宜原装上桌。盛器的选用,必须与菜肴的形态、品种相配合,匹配得宜可使菜肴生色,使席面生辉。

(3)讲究大小的相称。菜肴量大而器小则漫溢盘缘,不仅有粗糙之感,同时影响卫生;菜肴量少而器大则点缀盘中,使人感到不丰满,同时有怠慢感。所以,盛器的大小必须与菜肴数量相适应。一般来说,菜肴的体积应占盛器容体的80% ~ 90%,菜肴、汤汁不应超过边沿。

(4)讲究品质的相当。盛器的品质,必须与菜肴的品质相当。一般来说,高档的菜肴必须选用质优精美的盛器来装置;否则,就难以衬托出高档菜肴。用粗瓷器来盛装"清汤燕窝"或"红烧鱼翅",就显得非常不相称。

二、筵席的艺术表现

筵席,是酒席的古称,今人多称"宴会"。宴会,是因习俗或社交礼仪需要而举行的宴饮聚会,是为一定目的而举办的筵席。筵席,是宴会的核心,是人们精心编排和制作的一整套食品,是茶、酒、菜、点、果的艺术组合。

(一)筵宴的起源与发展

筵宴是在生产力发展的基础上,由祭祀、礼仪、习俗等活动而兴起的。我国最早有文字记载的筵宴,是虞舜时代的养老宴。古人宴客时多席地而坐,"筵"和"席"原先都是铺在地上用竹、草编织的坐具。"筵"和"席"相近,区别在于"筵"大"席"小,"筵"长"席"短,"筵"粗"席"细,"筵"铺在地上而"席"铺在"筵"上。此后,"筵席"一词逐渐由宴饮的坐具演变为酒席的专称,并一直沿用至今。

古代先民的饮食没有其他的场所和设备,只能在筵和席上跽(jì)坐而食。上古的餐具,也就是炊具——陶鼎放在"案"上,"案"有足,搁放在地上,人们吃饭跽坐在"席"上,对"案""鼎"而食。

中国筵席,约产生于4000年前的原始社会末期和奴隶社会初期。祭祀、礼俗,是筵宴产生的主要因素。在新石器时代,先民对许多自然现象和社会现象无法理解,从而产生了天神旨意、祖宗魂灵等原始信仰和各种祭祀活动,祭品多选用牛、羊、猪等动物原料。祭祀完毕后,人们便席地而坐,分享祭品。于是祭品转化为筵席上的菜品,礼器演变为筵席餐具。直到汉魏时期,现代筵席才初具雏形。在西域坐具——马扎子的启发下,人们始造出了简单的坐具,先民才可以"正襟危坐",从容宴客了。

进入隋唐宋元时期,筵席则更具规范。汉唐贵族,讲究奢华,食前方丈,下箸万钱,供膳极为糜费;宋代国宴,一般行酒九盏,酒过三巡后,方供肴馔;元代宴席,则不行九盏之礼,行酒四巡,一、二、三巡均饮酒吃菜,四巡即吃饭;明清两代,筵宴有了较大的发展,更为强调席面编排、菜肴制作、接待礼仪和宴饮情趣。随着社会的进步,现代筵宴在不断进行改革,其规模、食序、陈设都在发生变化,封建社会筵宴的繁文缛节早已被淘汰,一些费时、费工、费钱、营养过剩的筵席正在逐步萎缩。中国筵席,正朝着营养卫生、科学合理的方向发展。

(二)筵宴的特征和类别

1.筵宴的特征

筵宴与日常饮食有所不同,它具有聚餐式、规格化、程序化、社交性等特征。

(1)聚餐式

聚餐式,是指筵宴的形式。中国的筵宴,历来是在多人围坐、亲密交谈的欢快气氛下进行的。传统的中国筵宴,习惯八人、十人、十二人一桌,以大圆桌居多,赴宴者有主有宾,以主宾为筵宴的中心人物,筵宴的一切活动都围绕着他而进行。因是隆重的聚会,"礼食"气氛浓郁,不像平时吃饭那样随便。

(2)规格化

规格化,是指筵席的内容。筵席菜点不同于便餐,它在规格质量上要符合一定的要求。全桌菜点必须配套成龙,应时当令,制作精美,调配均衡,食具雅丽,仪程井然,服务周到热情。

(3)程序化

程序化,是指筵席菜品的上菜程序。冷菜、热炒、大菜、甜食、汤品、饭菜、点心、水果等,均按一定的次序,依次推进。什么时候喝酒,什么时候吃饭,什么时候吃水果,在筵席中是有一定的程序和节奏的。

(4)社交性

社交性,是指筵席的作用。举办筵席是有一定目的的,如婚丧寿庆、亲朋欢聚、关系联络、送往迎来、乔迁开业、酬谢感恩、欢度佳节等。人们可以通过筵席这种形式增进了解,加深情谊,解决一些在其他场合不容易或不便解决的问题,从而实现社交目的。

2.筵宴的种类

中国筵席的分类方法很多,主要有以下几种方法:①按筵席的形式分,有传统筵席和现代筵席之分。传统筵席,是从古代沿袭下来的,规格比较严格,菜品数目较多;现代筵席菜品数少,规格质量相对灵活一些。②按季节时令分,有春季筵席、夏季筵席、中秋筵席等之说。这些筵席较重视选用正当时令的鲜活原料,按照季节转换规律调味和配菜,突出时令食品,给人口目一新的快感。③按筵席头菜的名称分,有燕翅席、海参席、鲍鱼席等不同规格。用头菜分类可以体现档次,使用较普遍。④按地方风味分,筵席有京菜席、川菜席、粤菜席等之别。不同的地方风味具有不同菜肴口味,如此分类可突出乡情,便于顾客选用。⑤按筵席的主要用料分,有全龙席、全羊席、全猪席、全鸭席等,即常说的"全席"。这些筵席所有菜品主料都取自同一原料,只是辅料、烹调技法、口味有所不同。⑥筵席还可按菜品的数目分,有四六席、八八席、七星席、三蒸九扣席、九九上寿席等类型。它从数量上体现筵宴规格,便于计价和调配品种,满足人们企丰求盛的心态,又兼顾了民风民俗。

我国著名的筵席有很多,主要介绍以下几种:

（1）整羊席

整羊席是蒙古族最丰盛和最讲究的一种传统筵席,它常被用来招待尊贵的客人。整羊席以小口绵羊或当年羊羔作为主要原料。将宰杀好的羊剥皮,清除内脏后的带骨整料,按要求分头部、颈脊椎、带左右三根肋条和连着尾巴的羊背及四肢整腿,共割成七大块,入锅煮熟即成。盛放时,用大方盘,先摆好前后四只整羊腿,再放一大块颈脊椎,之后在上面扣放带肋条及有羊尾巴的一块羊背,最后摆一羊头及羊肉,拼成整羊形,以象征完整吉利。开席前,还放若干酒菜、冷盘及酱油、醋、大蒜、韭菜花等调料,并摆上刀叉等餐具。

（2）全鸭席

全鸭席是以北京填鸭为主料烹制而成的各类鸭菜的组合。全鸭席首创于北京全聚德烤鸭店。其特点是:一席之上,除了北京烤鸭外,还用鸭的舌、脑、心、肝、胗、胰、肠、脯、翅、掌等为主料烹制而成的菜肴。全鸭席共有100多种冷热菜肴可供选择。上菜程序是先上冷菜,随后陆续上4个大菜、4个炒菜、1个烩菜、1个素菜,之后上烤鸭、汤菜、甜菜、面点及小米稀粥,最后上水果。

（3）全猪席

烹饪全猪席最著名的是北京的砂锅居。全猪席的菜品多达数十种,以猪为原料,用烧、燎、白煮等烹调技法制成,以白片肉、炸猪尾、烀(hū)肘子等菜肴最为著名。用猪的肝、肺、肚、肠、舌等猪脏器精制的烧碟,又称猪小烧。

（4）满汉全席

满汉全席,也称"满汉席""满汉大席"。满汉全席,是清代中叶兴起的一种规模盛大、程序繁杂,满汉饮食精粹合璧的宴席。其中,包括红白烧烤、各类冷热菜肴、点心、蜜钱、瓜果以及茶酒等,入席品种最多时达200余品。满汉全席始于乾隆年间,到清代末期日益奢侈豪华,风靡一时。满汉全席具有程式繁、礼仪重、规格高、菜品多、排场大、席套席等特点。在不同时期、不同地区、不同场合,其规格程式、菜肴品种与数量,都有所不同。即使是各地流行的"四红""四白",内容也不相同。例如,北京满汉席的"四红"是烤乳猪、烤填鸭、烤果子狸、烤排子,"四白"是烤哈儿巴、烤花篮鲑鱼、烤肥油鸡、烤鹿尾;山东济南的"四红"是烤乳猪、烤填鸭、双烤肉、烤雏鸡,"四白"是烤哈儿巴、烤肥油鸡、烤白牛肉、烤扒鹿尾;山西"四红"是烤鸭子、烤乳猪、烤酥方、烤火腿,"四白"是烤驼峰、烤项圈、烤哈儿巴、烤鱼;四川的"四红"是叉烧奶猪、叉烧火腿、叉烧大鱼、烤大填鸭,"四白"是烤佛座子、烤箭头鸡、烤哈儿巴、烤项圈肉。

3. 历代著名宴会的名称

我国历代的宴会有两种情况:一是著名的饮宴形式,如游宴、船宴、曲宴等,二是具体的著名宴会。下面按朝代的先后介绍几个著名的宴会。

(1)烧尾宴

烧尾宴是唐代著名宴会,是唐代士子初登荣进及升迁而举行的宴会。据唐封演《封氏闻见录》记载,唐代凡"士子初登荣进及迁除,朋僚慰贺,必盛置酒馔音乐,以展欢宴,谓之烧尾"。另据《辨物小志》说,也有朝廷大臣被提拔升官或封侯时,要献食于天子,也称烧尾。

据史料记载,烧尾有三种说法。一说虎变为人,唯尾不化,须为焚除,才得成人;一说是新羊入群,乃为诸羊所触,不相亲附,用火把尾烧了才能安定;三是出典于"鱼跃龙门"和"鱼龙变化"的传说。相传每逢春季,黄河鲤鱼溯水而上,准备游过龙门。凡是跃上龙门的鲤鱼,必有天火(雷电)把它的尾巴烧掉,才能成为真正的龙。这三种说法都认为原来身份发生变化时都要经过"烧尾",这表明唐代的烧尾宴是人的身份发生变化后举行的重要仪式。此外,在唐代,凡新授大官,照例须向皇帝献食,这种"献食"也称为"烧尾"。

烧尾宴是一种极其奢靡的宴会。唐韦巨源就有著名的烧尾宴食单。在其食单中,"仅择奇异者"的菜肴就有58款,而非奇异的一般菜点则不计其数。

(2)曲江宴

曲江宴是唐代著名园林宴会。因设宴地址在京城长安曲江园林(今西安市东南6公里的曲江村)而得名。唐时,考中的进士,放榜后大宴于曲江。据五代王定保《唐摭言》记载,进京参加考进士的诸生,见面时举行的宴会称为"大相识""次相识""小相识",还有"月灯""看佛开""樱桃""牡丹"等宴名。"关醼(yàn)"则是考中进士的人举行的告别宴会,宴会之后,进士们各奔前程,去各地任职。

(3)春秋大宴

春秋大宴是宋代在春秋季仲之时,在皇宫举行的宴会。据《宋史》载:第一次宴会于咸平三年(1000年)二月举办,在含光殿举行。其布置讲究,宴会的座次排列严格,尊卑分别,仪式烦琐。

(4)千叟宴

千叟宴是清代专为各地老臣和贤达老人举办的宫廷盛宴,因赴宴者多在千人以上,故而得名。从参加宴会者的身份来看,有王公、大臣,还有许多身份低微之人。官民无禁,普天同庆,是皇帝行此大宴的主要意图。

千叟宴这种浩大的饮宴场面,在历史上也是少见的。

千叟宴

千叟宴是清朝宫廷的大宴之一。千叟宴创始于康熙皇帝。康熙五十二年(1713年)农历三月,康熙皇帝玄烨六十寿诞,他在畅春园举办了第一次千叟宴,宴请从天下来京师为自己祝寿的老人。康熙六十一年(1722年)农历正月,康熙帝年届69岁,为了预庆自己70岁生日,他在乾清宫举办了第二次千叟宴。乾隆皇帝也举办了两次千叟宴,第一次是在乾隆五十年(1785年)正月,为了纪念继位50周年,75岁的弘历在乾清宫举办了第一次千叟宴。嘉庆元年(1796年)正月,乾隆退位,作为太上皇,他在宁寿宫皇极殿举办了第二次千叟宴,这一次宴会成了历史上千叟宴的绝唱。

千叟宴的菜品名目:

丽人献茗:君山银针

干果四品:怪味核桃、水晶软糖、五香腰果、花生粘

蜜饯四品:蜜饯橘子、蜜饯海棠、蜜饯香蕉、蜜饯李子

饽饽四品:花盏龙眼、艾窝窝、果酱金糕、双色马蹄糕

酱菜四品:宫廷小萝葡、蜜汁辣黄瓜、桂花大头菜、酱桃仁

前菜七品:二龙戏珠、陈皮兔肉、怪味鸡条、天香鲍鱼、三丝瓜卷、虾子冬笋、椒油茭白

膳汤一品:罐焖鱼唇

御菜五品:沙舟踏翠、琵琶大虾、龙凤柔情、响油鳝糊、肉丁黄瓜酱

饽饽二品:千层蒸糕、什锦花篮

御菜五品:龙舟鳜鱼、滑熘贝球、酱焖鹌鹑、蚝油牛柳、川汁鸭掌

饽饽二品:凤尾烧卖、五彩抄手

御菜五品:一品豆腐、三仙丸子、金菇掐菜、熘鸡脯、香麻鹿肉饼

饽饽二品:玉兔白菜、四喜饺

烧烤二品:御膳烤鸡、烤鱼扇

野味火锅:随上围碟十二品:

鹿肉片、飞龙脯、狍子脊、山鸡片

野猪肉、野鸭脯、鱿鱼卷、鲜鱼肉

刺龙牙、大叶芹、刺五加、鲜豆苗

膳粥一品:荷叶膳粥

水果一品:应时水果拼盘一品

告别香茗:杨河春绿

(三)筵席设计

筵席设计,是根据东道主的要求、宾客的构成情况及制作者的物质技术水平等因素,对筵席内容、程序与标准进行统筹规划,并拟出实施方案和细则的创作过程。

中国的筵席,由于地域不同、风俗习惯的差异而各具特色,但都是由酒水冷碟、热炒大菜、饭点茶果三大板块组成,需要经过筵席设计、菜点制作、接待服务三个环节来完成。一桌筵席成功与否,取决于筵席设计的好坏。因为在筵席设计时,如能综合考虑设备、技术、原料等各种情况,则容易使菜点质量达到预想的效果;否则,必定力不从心,造成菜品质量低劣,导致筵席失败。

1. 筵席设计的原则

(1)突出主题,强化意境

筵席的举办是有一定目的的,鲜明的主题(举办目的)是筵席的灵魂。因此,在设计筵席时,要根据东道主的愿望,紧扣宴请目的来对菜点进行组合。要求主旨鲜明,做到主次分明,展现饭店的技术优势,突出重点和筵席的风格特色,完成筵席所承担的社交任务。

意境是客观景物与主观感受相熔铸的产物,目的在于渲染筵席气氛,表达主人的情谊,实现礼仪交往。意境贵在创造,要在器皿的选用、菜点的配置上巧做文章,以达到与筵席主题的统一,营造出特定的环境氛围。例如,如果是老人期颐(百岁)大寿,就须悬挂寿屏、寿帐,高燃寿灯、寿烛,摆放寿桃、寿面,陈列银杏、佛手,选用"五子献寿""鹿鹤同春"等应景菜点,使其与赴宴者的心境相吻合,达到预期的目的。

(2)营养合理,科学配菜

筵席是供人们食用的,因此在设计筵席时,要考虑菜肴营养成分的合理搭配。筵席组配所用的营养素总量,应基本满足正常人每餐所需热量的供给;要注重选用多种原料入席,克服重荤菜、轻素菜的倾向,使搭配尽量合理,为就餐者提供充足的热能和多种营养素。在烹制时,应尽量减少营养素的损失,不产生对人体有害的物质,使菜品有利于人体的消化吸收。

菜肴的配置,是筵席设计的重要环节。在配菜时,要注意菜肴质与量的控制、原料的高低贵贱、取料的精细程度等。主辅原料的搭配,应按筵席的规格确定,同时要兼顾时间、地点、客人需求等诸因素,充分利用选料、刀工、烹制、味型、餐具等的配合,使整桌菜肴做到色彩和谐,香气袭人,滋味多变,形态醒目,盛器相称。

(3)菜品多变,技法多样

任何一种筵席在编排菜单时,都要既注意主旨的鲜明和配菜的科学,又应避免菜式的单调和工艺的雷同,必须努力体现错综的美。一桌席面,既要有统一的风格,也应显示不同的个性。席单上的菜品要多变,以防止菜式单调和口味雷同。应做到原料有鸡、鸭、鱼、肉、虾、蟹、果、蔬等的相互搭配,形状有丁、丝、片、块、条、段、茸的有机组合,色泽有白、黄、绿、红、紫、黑等的穿插,技法有炒、烩、蒸、炸、烤、炖、拌、卤等的变换,口味有酸、甜、苦、辣、鲜、咸、香的层次,质地有酥、脆、软、嫩、糯、肥、爽的差异,器皿有杯、盘、碗、碟、盅、盂、钵的交错,品种有菜、点、羹、汤、酒、茶、果的衔接。同时,席单也要多变,不能千篇一律,几年一贯制。只有这样,筵席才不是"催眠曲",才富于节奏感和时代感,让客人有常吃常新之感。

(4)方便实用,程式严谨

筵席设计要切合实际,要考虑饭店的技术能力、餐馆的设备、酒具餐具、原料供应等因素,使器材准备、原料采购、场景布置、菜点制作、人员调配、时间衔接等环节,都容易办到;不能只顾形式上的铺张,细节上的雕琢,而忽略实用性。这样不仅浪费人力物力,增加筵席成本,还会造成时间冗长、宾客腻烦等弊病。

筵席的程序,主要指宾主活动进程、上菜顺序和服务规范等。设计时,须把握一定的步骤、格局与规律,使之彼此照应。

2.筵席设计的内容

(1)场景设计

场景设计包括场地布置、餐厅美化和桌椅的摆放等方面。在设计时,要求做到契合主题,展示特色,突出主桌,方便就餐。对筵席场地进行布置时,要选用应时应景的花果草木,巧妙陈放在餐厅内外的适当位置,营造百花迎宾的气氛。在餐室陈列的古玩、字画、匾额、工艺品等,要大小得体,数量相宜。餐桌要依据餐厅大小、桌数多少均匀摆放,并将主桌置于最醒目的中心位置,造成众星捧月之势。

(2)台面设计

台面设计包括餐桌装饰和餐具摆放艺术。宴会的餐桌多需要装饰,要利用装饰物体和食品造型构成各种图案,使宾客赏心悦目。

(3)席谱设计

席谱即菜单,是根据筵席结构与要求,将酒水冷碟、热炒大菜、饭点水果按一定比例和程序进行编制的。席谱要反映筵宴的概貌,对菜品的类型、名称、刀工、色泽、形态、烹调方法、口味质感、营养配伍、器皿选择、成本、上菜程序、食用方法等,进行周密的安排,最后确定菜单的内容,用文字认真书写或印刷装帧,制成精美的席卡置于餐台,供客人赏玩或查询。

席谱设计的关键是科学排菜。排菜即筵宴中菜品的安排,它涉及筵宴设计的各个环节,需对各环节进行通盘考虑,平衡协调。在排菜时,既要考虑宾主的愿望、筵宴的规模、货源的供应情况、饭店的设备和技术水平,又要根据宾客(特别是主宾)的国籍、民族、宗教、职业、年龄、体质及爱好等因素,合理选配筵宴的菜点,并按季节选用时令原料,依据季节变化调配菜肴口味和色泽,灵活安排筵宴菜品。

（4）程序设计

程序设计包括上菜顺序、服务进程设计、筵间音乐设计等。要求把握上菜时机，控制进食速度，既要使席面不空，又要让宾客吃得从容。安排迎客、介绍、致辞、表演等环节时，应防止走过场或拖泥带水，要恰如其分，并根据筵宴主题选择背景音乐，起到烘托气氛的效果。

本章小结

中国烹饪文化包括许多方面，本章从历史积淀、科学观念、艺术表现等方面加以阐述。在文化积淀中，本章介绍了有关烹饪的食经、食谱、论著，古人有关烹饪的诗词歌赋等；在科学观念中，主要介绍了药食同源的文化特点和养生理论以及"养、助、益、充"的饮食结构；在艺术表现中，从菜肴的美食、美名、美器、美境、筵席的配备等方面作了介绍。

 **思考与练习**

一、名词解释

1. 烹饪文化积淀

2. 筵席

3. 宴会

4. 千叟宴

二、选择题

1.《随园食单》的作者是（　　）。

　A. 袁枚　　　　　　B. 林洪　　　　　　C. 李化楠　　　　D. 薛宝辰

2.《山家清供》是（　　）写的。

　A. 袁枚　　　　　　B. 林洪　　　　　　C. 李化楠　　　　D. 薛宝辰

3.（　　）这一菜名属于触觉命名法。

　A. 麻婆豆腐　　　　B. 脆鳝　　　　　　C. 翡翠虾仁　　　D. 舞龙戏珠

4.（　　）菜的色泽搭配是同色相配。

　A. 糟熘三白　　　　B. 芙蓉鸡片　　　　C. 双色虾仁　　　D. 五彩鱼丝

三、简答题

1. 常用菜肴的命名方法有哪些？

2. 我国筵席的特征是什么？

3. 我国的饮食结构是什么？

4. 筵席搭配时，要注意哪些问题？

5. 菜肴的美食、美名、美器、美境表现在哪些方面?

6. 筵席艺术有哪些表现形式?

四、拓展练习题

1. 课后阅读《随园食单》,并谈谈自己的感受。

2. 结合实际,举出几种日常生活中符合我国传统饮食养生之道的例子。

第七章

中国烹饪的现状及未来发展

学习目标

- 了解中国烹饪的现状；
- 了解中国烹饪面临的挑战。

21世纪,中国烹饪处于中西饮食文化大交流时期。面临挑战,1987年4月成立的中国烹饪协会和1991年7月成立的世界中国烹饪联合会,以"继承、发扬、开拓、创新"八个字为发展中国烹饪事业的方针。我们应以此方针为指导,为发展中国烹饪事业作出自己的贡献。

第一节　中国烹饪的现状

一、烹饪教育

20世纪50年代,我国开始创办烹饪技工学校,之后又陆续创办了各级烹饪专业学校。到20世纪80年代,烹饪高等教育开始起步,并迅速发展。正规的烹饪学校教育,已发展成为烹饪初等职业技术学校、烹饪中等专业学校和烹饪高等专科学校(或大专院校烹饪系)等不同层次的较完备的教育体系。

烹饪初等职业技术学校,主要培养初级烹饪技术人才,一般招收初中毕业生,通过学习初级烹饪基础知识、技术理论以及基本技能训练课,使学生掌握简单的烹饪技术和基础知识,学会一般低档菜肴的制法,为厂矿企业、机关食堂培养初级烹饪技术人员或为自谋职业创造条件。

烹饪中等专业学校,主要培养中级烹饪技术人才,有烹饪技工学校、烹饪中专学校及烹饪职业中学等形式。这些学校的学生,除学习烹饪基础知识、饮食营养卫生、烹饪基础化学、烹饪原料知识、烹饪原料加工技术、烹调技术、面点制作工艺等专业基础理论知识外,主要侧重于专业技术操作动手能力的培养。这类学校的学生基本功较扎实,动手能力强,有一定的理论基础。

烹饪高等学校,主要培养大学本科或专科的烹饪人才,一般招收应届高中毕业生或从烹饪中等学校对口招生。学生除学习高等理论文化知识外,还要学习烹饪化学、烹饪工艺学、烹饪美学、烹饪原料学、烹饪营养学、食品卫生学、烹饪药膳学、中国烹饪概论、面点工艺学、饮食企业经营管理学等专业理论,同时也进行烹饪操作技术、技能的实践性教学。学生毕业后,主要从事餐饮企业烹饪技术管理或烹饪中专、中技学校的教学工作。

短期烹饪教育包括设立烹饪技术培训站和举办烹饪技术短期培训班等多种形式。烹饪技术培训站,以培养中高级烹饪师为目标,开发研究地方传统名菜肴,以短期脱产的形式,学习专业技术知识,提高在职人员的烹饪技术水平。烹饪技术短期培训班,一般有岗前培训和在职技术培训两种形式,针对性较强,通过短期培训达到增长业务知识和提高技术操作水平的目的。在岗的烹饪从业人员,仍保留了以师带徒的传统方式,边干边学习,在岗位上练兵,不断提高烹调技能。

从总体上看,我国的烹饪学校教育体制虽已建立起来,但与其他资深的专科教育相比还不能说已经定型,还有待于进一步完善。烹饪职业培训良莠不齐,社会各行业办的烹饪短期培训班缺乏统一的规范,尚需在法制、考核等方面标准化。

二、烹饪研究

探索、总结烹饪与饮食现象,研究烹饪本质及其规律的活动,在新中国成立后,特别是改革开放以来,有了较快的发展。有关烹饪研究的著述陆续出版,建立了烹饪研究机构,编撰、出版了一系列大中专烹饪教材。1989 年 8 月,在长沙召开了首届中国烹饪学术研讨会。1991 年 7 月,在北京召开了首届中国饮食文化国际研讨会。此外,中国台北三商行的饮食文化基金会,也先后于 1986 年 9 月与 1991 年 9 月举办了两届有关中华饮食文化的国际研讨会。有关烹饪的历史、考古、文物、文献、方志、文学、艺术、教育、语言、文字等方面,不断出现新的研究成果。民族烹饪、烹饪民俗、饮食文化、饮食市场等方面的研究,正逐步展开。烹饪自身研究领域不断扩展,如从烹饪原料、原料加工到临灶技术的研究正在深化,并运用化学、物理等现代科学成就探讨调味、火候的机理,运用现代营养学、卫生学的成果来论证中国传统的饮食养生经验与理论。食疗、药膳等的研究工作,也已取得了初步进展。

1980 年,第一个全国性烹饪专业刊物《中国烹饪》出版,公开向海内外发行。各地还先后创办了《中国食品》《食品科学》《中国食品信息》《四川烹饪》《食品与生活》《烹调知识》《中国食品报》等 20 多种刊物和报纸。这些刊报的出版和发行,对于普及中国烹饪知识,促进中国烹饪交流,发挥了重要作用。全国不少出版社也十分看重烹饪研究的新动向,一些全国性的大型工具书与专著,如《中国烹饪百科全书》《中国烹饪辞典》《中华饮食文库》《中国烹饪古籍丛刊》《中国食经》《中国名菜谱》《中国小吃》《中国名菜集锦》等著作相继问世。这些著述从多角度、多知识领域探索烹饪的内涵,研究烹饪历史、烹饪原理、饮食养生、烹饪工艺,荟萃了当代人的烹饪研究成果,代表了当今的研究水平。

三、烹饪活动

中国烹饪协会、世界中国烹饪联合会相继成立,成为团结和组织中国与世界各地中餐烹饪团体和个人的具有权威性的社团。中国各省、自治区、直辖市多数亦成立了省、市级的烹饪协会。各级烹饪社团努力继承、发扬、开拓、创新中国烹饪文化和技艺,提高中国餐饮和中餐厨师在国际上的地位,扩大中国烹饪在世界上的影响,密切国家之间和地区之间烹饪界的联系与合作,增进烹饪团体和饮食业同行之间的团结和友谊,为人类健康和丰富人们饮食文化生活作出了贡献。

1983 年 11 月,由商业部主办,在人民大会堂举行了全国烹饪名师技术表演鉴定会,参赛厨师、点心师共 83 人,分别来自全国的 28 个省、自治区、直辖市,比赛分热菜、点心和冷荤拼盘 3 项内容,参赛品种有热菜 276 个、点心 84 种、冷拼 24 个。最后经大会评审委员会评定,选出最佳厨师 10 名、最佳点心师 5 名、优秀厨师 12 名、优秀点心师 3 名、冷拼制作工艺优秀奖 7 名,还有 53 人获技术表演奖。

1988 年 5 月,由商业部、国家旅游局、铁道部、解放军总后勤部、中华全国总工会、中直机关事务管理局和中国烹饪协会等 8 个单位联合主办,在北京国际饭店举行了第二届全国烹饪技术比赛。这是继全国烹饪名师技术表演鉴定会之后,举办的规模更大、范围更广的全国性烹饪比赛,有 30 个省、自治区、直辖市及中直机关、国家机关、解放军、铁路系统的共 34 个代表队、200 名选手参赛,比赛分热菜、点心和冷荤拼盘 3 项内容,参赛品种有热菜 692 个、点心 348 种、冷拼 280 个。通过评比,评出热菜金牌 46 枚、银牌 74 枚、铜牌 l16 枚,点心金牌 20 枚、银牌 25 枚、铜牌 39 枚,另有 10 名选手获三项全能奖杯,浙江、解放军、上海、天津、辽宁、北京、江苏、广东 8 个代表团获团体优胜奖杯。

1990 年 11 月,根据共青团中央、劳动部、全国总工会等部门《关于举办首届全国青工技术大赛的通知》精神,商业部在人民大会堂举办了首届全国青工烹调技术大赛,经过层层选拔,来自全国 29 个省、自治区、直辖市商业厅、局系统内饮食服务企业的 50 名年龄在 30 岁以下的青年厨师进京参赛,比赛分理论考试和实际操作两部分,理论占 30%,操作占 70%。经过评比,选出了前 10 名,授予"全国青工烹调技术能手"称号,共青团中央命名为"全国新长征突击手"称号,商业部发给决赛优胜奖。

1993 年,有关部门又举办了第三届全国烹饪大赛(团体和个人分片进行)。与此同时,各省、市也有一些区域性的烹饪赛事。

这些全国性和地方性的烹饪技术比赛,在继承、发扬、开拓、创新中国烹饪技艺方面有新突破,极大地促进了烹饪技术交流,调动了厨师特别是青年厨师学习烹饪的热情和积极性。

改革开放以来,在上海成功地举办了两次世界性的中国烹饪大赛,在长沙和屯溪举行了两次全国性的中国烹饪学术研讨会,此外,还分别在北京、新加坡和加拿大多伦多举行了世界中国烹饪文化学术研讨会。这些全国性和世界性的烹饪活动,为中国烹饪的发展起了促进作用。

第二节　中国烹饪的未来

当代中国烹饪的发展,已进入一个新的历史时期。世界范围内科学技术的进步,经济文化交流的日益频繁,尤其是中国自身的伟大变革,给中国烹饪的发展提供了前所未有的条件和契机。中国烹饪有其独特的民族文化特征,与世界各国、各民族的饮食烹饪相比较,更有自己的优势。我们应当充分认识这些优势,建立起对未来的信心;我们应当充分运用这些优势,使中国烹饪面向现代化,面向世界,在21世纪创造出更加辉煌的业绩。

一、中国烹饪的优势

(一) 文化优势

文化,是指人类社会历史实践过程中所创造的物质财富和精神财富的总和。中国烹饪,是科学和艺术高度结合的产物,是物质文明与精神文明的光辉结晶。中国是人类烹饪文化最为丰富的国家,历代食经、食典及烹饪著述数量之多,是世所罕见的,有相当数量的饮食经典质量很高。

中国烹饪文化,有鲜明的民族特征。从原料的选择与加工、餐饮器具的发明与创造、烹调方法的改进与提高,到食品品种的增加与丰富、饮食生活的演进及衍生出的众多习俗与礼仪,构成了中国烹饪文化的深厚内涵。其中,每个环节都包含科学与艺术的内容,使中国烹饪文化具有深层次的科学性与高层次的艺术性,吸引了众多的向往者与追求者。

科学而精湛的烹饪,健康而众多的美食,为现在和将来饮食业的发展提供了坚实的基础。如果说,中国烹饪像棵古老的银杏树,悠久的烹饪文化遗产就是这棵银杏树的粗大树干,在未来的时间里,它还将不断长出茂盛的新枝新叶来。

（二）社会优势

在几千年发展的历史长河中，中国烹饪遇到了历史上最好的时机。新中国成立后，特别是改革开放以来，党和国家比以往任何时候都更加重视烹饪事业，形成了发展中国烹饪极其良好的社会环境。这是很难得的优势。党和国家领导人多次讲烹饪的重要性，接见对烹饪事业发展有贡献的人员；政府主管机构制定了发展烹饪事业的相应政策，颁布了饮食服务业厨师、服务人员的技术等级标准，为他们评定技术职称。烹饪教育得到了迅速发展，兴办了培训厨师、烹饪管理人员、研究人员的各种烹饪培训站、技工学校、烹饪中专学校及大专院校，出版了专业烹饪杂志、报纸、书籍。从业人员的工作环境不断改善，福利待遇不断提高，经济地位、社会地位发生明显变化。从全国人大代表到地方各级人民代表大会代表和政协委员，都有厨师的代表；有卓越贡献的厨师，还获得了各种荣誉称号。建立了全国性的烹饪组织，积极组织烹饪竞赛，开展中外烹饪技术和烹饪文化交流，派遣专家、厨师到国外讲学、表演、服务等，厨师不再被认为是低贱职业。良好的社会环境，吸引了一批又一批、一代又一代的年轻人投身于烹饪事业中来，这一切都有利于中国烹饪的发展。

（三）市场优势

随着人们生活水平的提高，对于"吃"的要求也越来越高。丰富多彩、品种万千、风味各异的中国菜肴、面点、小吃、茶酒、饮料等，满足了人们的不同需求，并受到世界上很多国家居民的欢迎和喜爱。在国内，自从改革开放以来，随着国家经济实力的不断增长，生产的持续稳定协调发展，人民生活水平显著提高，饮食已由温饱型向营养型过渡。饮食市场异常活跃，全国有饮食业网点近 400 万个，为广大群众提供了多层次、多品类的饮食享受。中国烹饪在世界各国受到普遍欢迎。在亚洲，尤其是日本，自称"中国料理"的餐馆就有 5 万多家。中国菜点在美国深受欢迎，中国餐馆目前也有 18 万家。在欧洲，有一句很流行的话，叫作"中国菜征服了巴黎"。在法国，各地都有中餐馆，仅巴黎市就有 1200 多家。在英国，也有 4000 多家中国餐馆散布在伦敦和比较大的城市。在荷兰，有近 3000 家中餐馆。在大洋洲，澳大利亚的悉尼、墨尔本、堪培拉等城市，均有中国菜馆。随着中外交流的进展和扩大，海外到中国旅游的人员增多，人们对中国餐饮的要求也会更高。这些需求正是发展中国烹饪的潜在优势，把握住机遇，就可以将潜在优势变成市场优势。

二、中国烹饪面临的挑战

虽然中国烹饪有文化优势、社会优势、市场优势等主要优势，但是，面对 21 世纪世界各国烹饪的大发展、东西方饮食文化的大交流、世界饮食市场的大竞争，中国烹饪仍面临严峻的挑战。我们应客观地认识现实，积极行动起来。

（一）加速烹饪设备现代化建设

烹饪设备现代化，有利于改善劳动环境，提高工作效率和卫生标准。我们应加大厨房烹饪设备更新换代的力度，逐步实现烹饪设备的机械化。中国传统的手工工具，在食品直接消费的生产中还将继续占据主导地位，但是，很多手工工具将会改进，使其更科学，更符合现代烹饪的要求。如不锈钢系列工具、不粘锅、电饭煲、电磁炉、榨汁机等的使用都是实例。而在大规模工厂化食品生产领域内，机械化、自动化生产工具将占据绝对主导地位，如现在已广泛使用的和面机、面条机、绞肉机、切菜机、饺子机、馒头机等，将来无疑还有更先进的设备应用于烹饪生产。

（二）推进传统烹饪工艺的科学化

推进传统烹饪工艺的科学化，有利于稳定和提高中国传统菜点的质量，同时有利于把部分手工工艺逐渐转化为批量生产工艺，为开发、创制新菜点提供科学依据。传统手工工艺的精华，将被保留下去，传统工艺中的合理部分将继续得到发扬；而机械化、自动化烹饪工艺将得到迅猛发展，烹饪工艺将更加科学化。原料初加工中，将有更多的部分被机械操作所替代，配组工艺将更加讲究营养搭配的科学性，安全与卫生的自动烹饪工艺也将被越来越广泛地使用。

（三）不断提高膳食总体营养水平

社会不同群体的人，对营养有不同的需求。一般人的营养合理调配，已远远不是"养、助、益、充"经验所能解决的，必须加强现代化营养学的研究与应用，从原料的选择、加工、搭配、制作等各个环节，认真把握，提高膳食总体营养水平。

（四）创造新的名优菜点

随着社会的进步和发展，以及人们饮食消费需求的变化，人们必然会对菜点提出更新、更高的要求。要满足人们消费需求变化的要求，就要不断地对某些烹调方法、食品结构、菜点进行修正、改进，继承，吸收前人的优秀成果，运用现代科学技术，创制出更多、更好、更新的名优菜点。

 知识链接

分子烹饪

分子烹饪是根据菜品间存在的分子联系进行烹饪，并且尝试把实验室器材变成烹饪工具，让食物能更好地搭配，满足人体的需要。"分子"和"烹饪"搭配组合，英文称为"Molecular Gastronomy"，它颠覆了人们对美食的传统概念。分子烹饪是 20 世纪 80 年代由法国科学家埃尔韦·蒂斯（Herve This）和牛津大学物理教授

尼古拉斯·库尔蒂(Nicholas Kurti)共同创造的,是将化学、物理学和其他科学原理运用到烹饪的过程、准备及其原料当中的一种烹饪方法。作为目前新兴的烹饪方法,其研制过程需要餐厅厨师、物理学家和化学家共同参与。厨师要根据菜品间存在的分子联系,找出最理想的烹调方法及温度,从而创造出具有独特感官的菜肴。比如,蛋清在温度稍低于蛋黄时就能够凝固,但研究人员发现,大约在64℃时,蛋清和蛋黄能够同时凝固。根据这一发现,人们可以做出松软、光滑、嫩度恰到好处的鸡蛋,使蛋清的质地好像发酵过的布丁,而蛋黄光滑、致密,恰好处于固态和液态的临界点。

本章小结

本章从烹饪的教育、研究、活动等方面来介绍我国的烹饪现状、存在的优势及面临的挑战,并提出一些应对之策。

 **思考与练习**

如何认识中国烹饪面临的挑战?

主要参考书目

［1］陈光新.烹饪概论［M］.北京:高等教育出版社,1998.

［2］杜莉.中国饮食文化［M］.北京:旅游教育出版社,2013.

［3］广东省饮食服务公司.中国名菜谱(广东风味)［M］.北京:中国财政经济出版社,1991.

［4］何宏.中外饮食文化［M］.北京:北京大学出版社,2006.

［5］湖北省饮食服务公司.中国名菜谱(湖北风味)［M］.北京:中国财政经济出版社,1991.

［6］江苏省烹饪协会,江苏省饮食服务公司.中国名菜谱(江苏风味)［M］.北京:中国财政经济出版社,1991.

［7］李曦.中国烹饪概论［M］.北京:旅游教育出版社,2000.

［8］林乃燊.中国饮食文化［M］.上海:上海人民出版社,1989.

［9］林正秋.杭州饮食史［M］.杭州:浙江人民出版社,2011.

［10］邱国珍.中国传统食俗［M］.南宁:广西人民出版社,2001.

［11］邱庞同.中国烹饪古籍概述［M］.北京:中国商业出版社,1989.

［12］山东省饮食服务公司.中国名菜谱(山东风味)［M］.北京:中国财政经济出版社,1991.

［13］上海新亚(集团)联营公司.中国名菜谱(上海风味)［M］.北京:中国财政经济出版社,1991.

［14］施继章,邵万宽.中国烹饪纵横［M］.北京:中国食品出版社,1988.

［15］四川省蔬菜饮食服务公司.中国名菜谱(四川风味)［M］.北京:中国财政经济出版社,1991.

［16］陶文台.中国烹饪概论［M］.北京:中国商业出版社,1988.

［17］王仁湘.中国史前饮食史［M］.青岛:青岛出版社,2002.

［18］王学泰.中国饮食文化简史［M］.北京:中华书局,2010.

［19］吴澎.中国饮食文化［M］.北京:化工出版社,2009.

［20］萧帆.中国烹饪百科全书［M］.北京:中国大百科全书出版社,1992.

［21］萧帆.中国烹饪辞典［M］.北京:中国商业出版社,1992.

［22］熊四智,唐文.中国烹饪概论［M］.北京:中国商业出版社,1998.

［23］张雪杉.中国传统礼俗［M］.天津:百花文艺出版社,2002.

［24］浙江省饮食服务公司.中国名菜谱(浙江风味)［M］.北京:中国财政经济出版社,1991.

［25］钟志惠.面点工艺学［M］.成都:四川人民出版社,2002.

［26］周光武.中国烹饪史简编［M］.广州:科学普及出版社广州分社,1984.

［27］周晓燕.烹饪工艺学［M］.北京:中国轻工业出版社,2000.